建筑工程数字建造经典工艺指南
【屋面、外檐】

《建筑工程数字建造经典工艺指南》编委会　主编

中国建筑工业出版社

图书在版编目（CIP）数据

建筑工程数字建造经典工艺指南. 屋面、外檐 /《
建筑工程数字建造经典工艺指南》编委会主编. — 北京：
中国建筑工业出版社，2023.1
ISBN 978-7-112-28383-5

Ⅰ. ①建⋯ Ⅱ. ①建⋯ Ⅲ. ①数字技术-应用-建筑
施工-指南 Ⅳ. ①TU7-39

中国国家版本馆 CIP 数据核字（2023）第 032789 号

本书由中国建筑业协会组织全国 70 余家大型企业、100 多位鲁班奖评审专家
共同编写，从建筑屋面、外檐的质量要求、工艺流程、精品要点等进行编写，并
配以详细的 BIM 图片，说明性强。本书对于建设高质量工程，建筑工程数字建造
等有很高的参考价值，对于企业申报鲁班奖、国家优质工程等有重要的指导意义。

责任编辑：张　磊　曹丹丹
责任校对：张　颖

建筑工程数字建造经典工艺指南
【屋面、外檐】

《建筑工程数字建造经典工艺指南》编委会　主编

*

中国建筑工业出版社出版、发行（北京海淀三里河路 9 号）
各地新华书店、建筑书店经销
北京鸿文瀚海文化传媒有限公司制版
临西县阅读时光印刷有限公司印刷

*

开本：787 毫米×1092 毫米　1/16　印张：13½　字数：335 千字
2023 年 3 月第一版　　2023 年 3 月第一次印刷
定价：**89.00** 元
ISBN 978-7-112-28383-5
（40672）

本书指导委员会

主　任：齐　骥
副主任：吴慧娟　刘锦章　朱正举

本书主要编制人员

景　万	冯　跃	赵正嘉	贾安乐	张晋勋	陈　浩
杨健康	高秋利	安占法	刘洪亮	秦夏强	邢庆毅
杨　煜	张　静	邓文龙	钱增志	王爱勋	吴碧桥
薛　刚	蒋金生	刘明生	李　娟	刘爱玲	温　军
孙肖琦	李思琦	车群转	陈惠宇	贺广利	刘润林
尹振宗	张广志	刘　涛	张春福	罗　保	马荣全
熊晓明	张选兵	要明明	刘　宏	林建南	胡安春
孟庆礼	王　喆	王巧利	王建林	赵　才	邓　斌
颜钢文	李长勇	李　维	肖志宏	石　拓	田　来
胡　笳	胡宝明	廖科成	梅晓丽	彭志勇	王　毅
薄跃彬	陈道广	陈晓明	陈　笑	崔　洁	单立峰
胡延红	卢立香	唐永讯	苏冠男	董玉磊	邹杰宗
王　成	刘永奇	李　翔	张　驰	张贵铭	周　泉
孟　静	张　旭	包志钧	胡　骏	孙宇波	王振东
岳　锟	王竟千	薛永辉	周进兵	王文玮	付应兵
迟白冰	窦红鑫	富　华	赵　虎	李晓朋	王　清
李乐荔	赵得铭	王　鑫	杨　丹	罗　放	李　涛
隋伟旭	赵文龙	任淑梅	雷　周	刘耀东	张　悦
张彦克	洪志翔	李　超	周　超	周晓枫	许海岩
高晓华	李红喜	刘兴然	杨　超	李鹏慧	甄志禄
岳明华	龙俨然	胡湘龙	肖　薇	余　昊	蒋梓明
冯　淼	李文杰	柳长谊	王　雄	唐　军	谢　奎
刘建明	任　远	田文慧	李照祺	张成元	许圣洁
万颖昌	李俊慷	高　龙			

本书主要编制单位

中国建筑业协会
中建协兴国际工程咨询有限公司
湖南建设投资集团有限责任公司
北京建工集团有限责任公司

北京城建集团有限责任公司

中国建筑一局（集团）有限公司

中国建筑第三工程局有限公司

中国建筑第八工程局有限公司

中铁建工集团有限公司

中铁建设集团有限公司

陕西建工集团股份有限公司

上海建工集团股份有限公司

上海宝冶集团有限公司

中国二十冶集团有限公司

三一重工股份有限公司

云南省建设投资控股集团有限公司

武汉建工（集团）有限公司

广东省建筑工程集团有限公司

河北建设集团股份有限公司

河北建工集团有限责任公司

天津市建工集团（控股）有限公司

广西建工集团有限责任公司

山西建筑工程集团有限公司

江苏省华建建设股份有限公司

兴泰建设集团有限公司

中天建设集团有限公司

北京住总集团有限责任公司

中建一局集团安装工程有限公司

北京六建集团有限责任公司

北京市设备安装工程集团有限公司

南通安装集团股份有限公司

济南四建（集团）有限责任公司

山东天齐置业集团股份有限公司

成都建工集团有限公司

江西昌南建设集团有限公司

河南省土木建筑学会总工程师工作委员会

成都市土木建筑学会

中湘智能建造有限公司

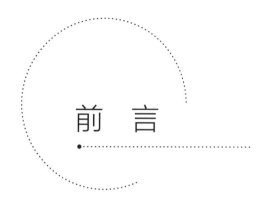

前　言

　　建筑业作为国民经济支柱产业，在推动我国经济社会持续健康发展中发挥着重要作用。经过 30 多年的快速发展，我国建筑业的建设规模、技术装备水平、建造能力取得了长足的进步，一座座彰显时代特征的建筑物应运而生，在中华大地熠熠生辉、绽放光彩。但我国建筑业"大而不强、细而不专"的局面依然存在，主要表现在机械化程度不高，精细化、标准化、信息化、专业化、智能化、一体化程度偏低，能够推动行业有序发展的供应链、价值链体系尚未建立。

　　如何实现我国建筑业绿色低碳、高质量发展，从"建造大国"发展为"建造强国"，建筑业与信息技术的有机融合是推动建筑业可持续发展的重要驱动力。建筑业应以大数据为生产资料，以云计算、人工智能为第一生产力，以互联网、物联网、区块链为新型生产关系，以"软件定义"为新型生产方式，重构建筑业组织模式，将生产要素、管理流程、建造技术、决策机制、检测结果等数字化，基于数据形成算法，用算法优化决策机制，提升资源配置效率，成为建筑产业创新和转型的重要引擎。

　　为助力建筑企业数字化转型，提升全员的质量意识、管理水平、建造能力和工程品质，推动行业高质量发展，中国建筑业协会、中建协兴国际工程咨询有限公司组织行业多位知名专家会同湖南建工、北京建工、中铁建设、陕西建工、上海建工、北京城建、中建一局、中建三局、中建八局等 70 余家企业、100 余名专家共同编制了本套书。

　　本套书以现行的标准规范为纲，以"按部位、全专业、突出先进、彰显经典"为编写原则，系统收集、整理了行业先进企业在创建优质工程过程中的先进做法、典型经验，引领广大读者通过深化设计、数字模拟、方案优化、样板甄选、精细度量、物模联动等方式，逐步形成系统思维，全专业策划、全过程管控、实时校验和持续提升的创优机制。根据房屋建筑的专业特点和创建优质工程要点，本套书共分为六个分册：地基、基础、主体结构；屋面、外檐；室内装修、机电安装（地上部分）1；室内装修、机电安装（地上部分）2；室内装修、机电安装（地上部分）3；室内装修、机电安装（地下部分）。通过图文并茂的方式，系统描述各部位或关键节点的外观特性、细部做法和相应的标准规范规定（部分条文摘录时有提炼和编辑）；突出了深化设计、专业协同、质量问题预防措施和工艺做法，创建了 490 多个 BIM 模型创优标准化数据族库。

　　由于时间紧迫，本套书只收集了部分建筑企业的工艺案例，书中难免有一些不足之处，敬请广大读者提出宝贵意见，以便我们做进一步的修订和完善。

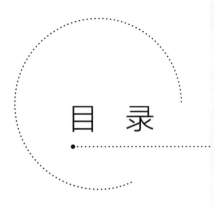

目 录

第1章
概述

1.1 一般规定

（1）外檐装饰装修应符合设计与相关规范要求，既能满足安全及使用功能，又能体现精致、细腻及美观的效果。

（2）外檐大面平整、洁净无污染，板块分格科学合理、美观，不同材料交接处处理措施得当、界面清晰无交叉污染。

（3）建筑物大角顺直、挺拔，无肉眼可见偏差，横竖线条及阴阳角顺直方正，曲线及曲面圆顺流畅。

（4）有排水要求的外檐部位的滴水线（槽）应施工到位，滴水线（槽）整齐顺直，滴水线内高外低，滴水槽的宽度和深度符合要求。

（5）涂饰外檐应色泽一致，无空鼓开裂，涂料面层分缝合理，缝宽均匀一致。

（6）面砖排版合理美观，粘贴牢固无空鼓，勾缝密实、平整、光滑，施工细腻，勾缝深度、宽度一致。

（7）各种材料、形式的幕墙计算书及深化设计齐全，幕墙安装牢固，整体平整无变形，曲线（面）圆顺流畅。幕墙板块无明显色差，胶缝宽度均匀一致，注胶饱满、平顺，无明显接头、气泡、开裂或污染现象。

（8）外檐雨罩设置应符合要求，排水措施到位。

（9）外立面门窗、设备等洞口部位饰面板块及涂饰分格对称美观，外立面支架及突出物周围的饰面板块套割吻合美观、界面处理精细。

（10）变形缝构造符合要求，满足变形要求，面板固定牢固，出墙厚度一致，安装平顺，边缘顺直，变形缝与外檐装饰装修协调一致。

（11）沉降观测点、防雷测试点等位置正确合理，观测点加工精美、安装牢固，标识清晰。

（12）散水表面平整，无空鼓、开裂、脱皮、麻面和起砂现象，色泽均匀，宽度一致，排水坡度合理，无积水，不倒泛水。

（13）散水与墙体交界处变形缝宽度均匀一致、填缝精细，散水纵向和转角部位的变形缝设置科学。

（14）明沟排水畅通，无积水，沟墙顺直，沟盖板规格尺寸均匀，安装平整稳固，铺设平顺美观。

（15）室外台阶设置符合要求，台阶少于三步的应做成斜坡。台阶排水科学，防滑措施做工细致，台阶宽高均匀一致，块料排版美观，铺贴牢固，无空鼓、裂纹与缺棱掉角，台阶面线平整顺直，与外墙门洞处沉降缝设置合理、界面交接合理清晰。

（16）室外坡道设置正确，坡率符合要求，坡道面层坚实、平整、抗滑、无倒坡、不积水。需设置栏杆、扶手的部位应设置到位且符合要求，栏杆扶手加工精细、安装稳固。

（17）幕墙金属框架和主体结构的防雷装置的连接应紧密可靠，采用焊接或机械连接，形成导电通路。不同材质连接时，应防止电化学反应。

（18）金属门窗、外墙上的金属栏杆应和防雷预埋件、均压环连接，以防侧击雷。

相关图片见图1.1-1～图1.1-11。

图 1.1-1　外立面大面及细部施工精致，
板块排版美观

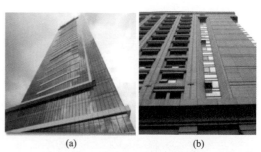

(a)　　　　　　　(b)

图 1.1-2　大角挺拔，横竖线条顺直

图 1.1-3　外立面精致、细腻、美观

图 1.1-4　外饰面面砖排版科学、美观

图 1.1-5　外立面悬挑构件阳角通顺

图 1.1-6 外立面横竖线条及阴阳角顺直方正

图 1.1-7 滴水槽整齐顺直

图 1.1-8 变形缝安装精美

图 1.1-9 台阶排水组织有序

(a)

(b)

图 1.1-10 散水表面平整、色泽均匀，排水坡向科学、施工精致

(a)

(b)

(c)

图 1.1-11　沉降观测点

1.2　规范要求

1.2.1　涂料墙面工程

1.《建筑装饰装修工程质量验收标准》GB 50210—2018

4　抹灰工程

4.1.4　抹灰工程应对下列隐蔽工程项目进行验收：

1　抹灰总厚度大于或等于35mm时的加强措施；

2　不同材料基体交接处的加强措施。

4.1.7　外墙抹灰工程施工前应先安装钢木门窗框、护栏等，应将墙上的施工空洞堵塞密实，并对基层进行处理。

4.1.9　当要求抹灰层具有防水、防潮功能时，应采用防水砂浆。

4.1.11　外墙和顶棚的抹灰层与基层之间及各抹灰层之间应粘结牢固。

4.2　一般抹灰工程

4.2.9　有排水要求的部位应做滴水线（槽）。滴水线（槽）应整齐顺直，滴水线应内高外低，滴水槽的宽度和深度应满足设计要求，且均不应小于10mm。

12　涂饰工程

12.1.2　涂饰工程验收时应检查下列文件和记录：

1　涂饰工程的施工图、设计说明及其他设计文件；

2　材料的产品合格证书、性能检验报告、有害物质限量检验报告和进场验收记录；

3　施工记录。

12.1.5　涂饰工程基层处理应符合下列规定：

1　新建筑物的混凝土或抹灰基层在用腻子找平或直接涂饰涂料前应涂刷抗碱封闭底漆；

2　既有建筑物墙面在用腻子找平或直接涂饰涂料前应清除疏松的旧装修层，并涂刷界面剂；

3　混凝土或抹灰基层在用溶剂型腻子找平或直接涂刷溶剂型涂料时，含水率不得大于8%；在用乳液型腻子找平或直接涂刷乳液型涂料时，含水率不得大于10%，木材基层的含水率不得大于12%。

2.《住宅装饰装修工程施工规范》GB 50327—2001

7. 抹灰工程：当抹灰总厚度超出 35mm 时，应采取加强措施。

1.2.2 饰面砖墙面工程

1.《建筑装饰装修工程质量验收标准》GB 50210—2018

10 饰面砖工程

10.1.1 本章适用于内墙饰面砖粘贴和高度不大于 100m、抗震设防烈度不大于 8 度、采用满粘法施工的外墙饰面砖粘贴等分项工程的质量验收。

10.1.7 外墙饰面砖工程施工前，应在待施工基层上做样板，并对样板的饰面砖粘结强度进行检验，检验方法和结果判定应符合现行行业标准《建筑工程饰面砖粘结强度检验标准》JGJ/T 110 的规定。

10.1.8 饰面砖工程的防震缝、伸缩缝、沉降缝等部位的处理应保证缝的使用功能和饰面的完整性。

10.3 外墙饰面砖粘贴工程

10.3.2 外墙饰面砖粘贴工程的找平、防水、粘结、填缝材料及施工方法应符合设计要求和现行行业标准《外墙饰面砖工程施工及验收规程》JGJ 126 的规定。

2.《外墙饰面砖工程施工及验收规程》JGJ 126—2015

3.1.3 用于二层（或高度 8m）以上外保温粘贴的外墙饰面砖单块面积不应大于 15000mm^2，厚度不应大于 7mm。

4.0.3 外墙饰面砖粘贴应设置伸缩缝。伸缩缝间距不宜大于 6m，伸缩缝宽度宜为 20mm。

4.0.4 外墙饰面砖伸缩缝应用耐候密封胶嵌缝。

4.0.8 窗台、檐口、装饰线等墙面凹凸部位应采用防水和排水构造。

4.0.9 在水平阳角处，顶面排水坡度不应小于 3％；应采用顶面饰面砖压立面饰面砖，立面最低一排饰面砖压底平面面砖的做法，并应设置滴水构造。

5.1.3 外墙饰面砖工程大面积施工前，应采用设计要求的外墙饰面砖和粘结材料，在待施工的每种类型的基层上应各粘贴至少 1m^2 饰面砖样板，按现行行业标准《建筑工程饰面砖粘结强度检验标准》JGJ 110 检验饰面砖粘结强度应合格，并应经建设、设计和监理等单位确认。

5.1.4 现场粘贴外墙饰面砖所用材料和施工工艺必须与施工前粘结强度检验合格的饰面砖样板相同。

3.《住宅装饰装修工程施工规范》GB 50327—2001

12 墙面铺装工程

墙面砖铺贴：非整砖宽度不宜小于整砖的 1/3；阳角线宜做成 45°角对接。

墙面石材铺装：采用湿作业法施工时，每块石材与钢筋网拉接点不得少于 4 个，每层灌注高度宜为 150mm～200mm，且不超过板高的 1/3。

1.2.3　幕墙工程

1.《玻璃幕墙工程技术规范》JGJ 102—2003

3.1.4　隐框和半隐框玻璃幕墙，其玻璃与铝型材的粘结必须采用中性硅酮结构密封胶；全玻璃幕墙和点支承幕墙采用镀膜玻璃时，不应采用酸性硅酮结构密封胶粘结。

3.1.5　硅酮结构密封胶和硅酮建筑密封胶必须在有效期内使用。

3.6.2　硅酮结构密封胶使用前，应经国家认可的检测机构进行与其相接触材料的相容性和剥离粘结性试验，并应对邵氏硬度、标准状态拉伸粘结性能进行复验。检验不合格的产品不得使用。进口硅酮结构密封胶应具有商检报告。

4.4.4　人员流动密度大、青少年或幼儿活动的公共场所以及使用中容易受到撞击的部位，其玻璃幕墙应采用安全玻璃；对使用中容易受到撞击的部位，尚应设置明显的警示标志。

4.4.8　玻璃幕墙的防火封堵构造系统，在正常使用条件下，应具有伸缩变形能力、密封性和耐久性；在遇火状态下，应在规定的耐火时限内，不发生开裂或脱落，保持相对稳定性。

4.4.9　玻璃幕墙防火封堵构造系统的填充料及其保护性面层材料，应采用耐火极限符合设计要求的不燃烧材料或难燃烧材料。

4.4.10　无窗槛墙的玻璃幕墙，应在每层楼板外沿设置耐火极限不低于1.0h、高度不低于0.8m的不燃烧实体裙墙或防火玻璃裙墙。

4.4.11　玻璃幕墙与各层楼板、隔墙外沿间的缝隙，当采用岩棉或矿棉封堵时，其厚度不应小于100mm，并应填充密封；楼层间水平防烟带的岩棉或矿棉宜采用厚度不小于1.5mm的镀锌钢板承托；承托板与主体结构、幕墙结构及承托板之间的缝隙宜填充防火密封材料。当建筑要求防火分区间设置通透隔断时，可采用防火玻璃，其耐火极限应符合设计要求。

4.4.12　同一幕墙玻璃单元，不宜跨越建筑物的两个防火分区。

7.1.6　全玻幕墙的板面不得与其他刚性材料直接接触。板面与装修面或结构面之间的空隙不应小于8mm，且应采用密封胶密封。

7.3.1　全玻幕墙玻璃肋的截面厚度不应小于12mm，截面高度不应小于100mm。

8.1.2　采用浮头式连接件的幕墙玻璃厚度不应小于6mm；采用沉头式连接件的幕墙玻璃厚度不应小于8mm。安装连接件的夹层玻璃和中空玻璃，其单片厚度也应符合上述要求。

8.1.3　玻璃之间的空隙宽度不应小于10mm，且应采用硅酮建筑密封胶嵌缝。

9.1.4　除全玻幕墙外，不应在现场打注硅酮结构密封胶。

2.《建筑玻璃应用技术规程》JGJ 113—2015

7.2.1　活动门玻璃、固定门玻璃和落地窗玻璃的选用应符合下列规定：
1　有框玻璃应使用符合本规程表7.1.1-1规定的安全玻璃；
2　无框玻璃应使用公称厚度不小于12mm的钢化玻璃。

8.2.1　两边支撑的屋面玻璃或雨棚玻璃，应支撑在玻璃的长边。

3.《金属与石材幕墙工程技术规范》JGJ 133—2001

3.2.2　花岗石板材的弯曲强度应经法定检测机构确定，其弯曲强度不应小于8.0MPa。

3.5.2　同一幕墙工程应采用同一品牌的单组分或双组分的硅酮结构密封胶，并应有保质年限的质量证书。用于石材幕墙的硅酮结构密封胶还应有证明无污染的试验报告。

3.5.3　同一幕墙工程应采用同一品牌的硅酮结构密封胶和硅酮耐候密封胶配套使用。

4.2.3　幕墙构架的立柱与横梁在风荷载标准值作用下，钢型材的相对挠度不应大于$l/300$（l为立柱或横梁两支点间的跨度），绝对挠度不应大于15mm。铝合金型材的相对挠度不应大于$l/180$，绝对挠度不应大于20mm。

5.6.6　横梁应通过角码、螺钉或螺栓与立柱连接，角码应能承受横梁的剪力。螺钉直径不得小于4mm，每处连接螺钉数量不应少于3个，螺栓不应少于2个。横梁与立柱之间应有一定的相对位移能力。

5.7.2　上下立柱之间应有不小于15mm的缝隙，并应采用芯柱连结。芯柱总长度不应小于400mm。芯柱与立柱应紧密接触。芯柱与下柱之间应采用不锈钢螺栓固定。

5.7.11　立柱应采用螺栓与角码连接，并再通过角码与预埋件或钢构件连接。螺栓直径不应小于10mm，连接螺栓应按现行国家标准《钢结构设计规范》GBJ 17进行承载力计算。立柱与角码采用不同金属材料时应采用绝缘垫片分隔。

6.1.3　用硅酮结构密封胶粘结固定构件时，注胶应在温度15℃以上30℃以下、相对湿度50%以上、且洁净、通风的室内进行，胶的宽度、厚度应符合设计要求。

6.5.1　金属与石材幕墙构件应按同一种类构件的5%进行抽样检查，且每种构件不得少于5件。当有一个构件抽检不符合上述规定时，应加倍抽样复验，全部合格后方可出厂。

7.2.4　金属、石材幕墙与主体结构连接的预埋件，应在主体结构施工时按设计要求埋设。预埋件应牢固，位置准确，预埋件的位置误差应按设计要求进行复查。当设计无明确要求时，预埋件的标高偏差不应大于10mm，预埋件位置差不应大于20mm。

7.3.10　幕墙安装施工应对下列项目进行验收：

1　主体结构与立柱、立柱与横梁连接节点安装及防腐处理；

2　幕墙的防火、保温安装；

3　幕墙的伸缩缝、沉降缝、防震缝及阴阳角的安装；

4　幕墙的防雷节点的安装；

5　幕墙的封口安装。

1.2.4　门窗工程

《建筑装饰装修工程质量验收标准》GB 50210—2018

6.1.3　门窗工程应对下列材料及其性能指标进行复验：

1　人造木板门的甲醛释放量；

2 建筑外窗的气密性能、水密性能和抗风压性能。

6.1.4 门窗工程应对下列隐蔽工程项目进行验收：

1 预埋件和锚固件；

2 隐蔽部位的防腐和填嵌处理；

3 高层金属窗防雷连接节点。

6.1.11 建筑外门窗安装必须牢固。在砌体上安装门窗严禁采用射钉固定。

6.1.12 推拉门扇必须牢固，必须安装防脱落装置。

6.1.15 建筑外窗口的防水和排水构造应符合设计要求和国家现行标准的有关规定。

6.3 金属门窗安装工程

6.3.1 金属门窗的品种、类型、规格、尺寸、性能、开启方向、安装位置、连接方式及门窗的型材壁厚应符合设计要求及国家现行标准的有关规定。金属门窗的防雷、防腐处理及填嵌、密封处理应符合设计要求。

6.3.5 金属门窗表面应洁净、平整、光滑、色泽一致，应无锈蚀、擦伤、划痕和碰伤。漆膜或保护层应连续。型材的表面处理应符合设计要求及国家现行标准的有关规定。

6.3.6 金属门窗推拉门扇开关力不应大于50N。

6.3.7 金属门框框与墙体之间的缝隙应填嵌饱满，并应采用密封胶密封。密封胶表面应光滑、顺直、无裂纹。

6.3.8 金属门窗扇的密封胶条或密封毛条装配应平整、完好，不得脱槽，交角处应平顺。

1.2.5 雨罩

《住宅建筑规范》GB 50368—2005

5.2.4 住宅的公共出入口位于阳台、外廊及开敞楼梯平台的下部时，应采取防止物体坠落伤人的安全措施。

1.2.6 散水、坡道、室外台阶

1.《建筑地面工程施工质量验收规范》GB 50209—2010

3.0.14 室外散水、明沟、踏步、台阶和坡道等，其面层和基层（各构造层）均应符合设计要求。施工时应按本规范基层铺设中基土和相应垫层以及面层的规定执行。

3.0.15 水泥混凝土散水、明沟应设置伸、缩缝，其延长米间距不得大于10m，对日晒强烈且昼夜温差超过15℃的地区，其延长米间距宜为4m～6m。水泥混凝土散水、明沟和台阶等与建筑物连接处及房屋转角处应设缝处理。上述缝的宽度应为15mm～20mm，缝内应填嵌柔性密封材料。

2.《民用建筑设计统一标准》GB 50352—2019

6.7.1 台阶设置应符合下列规定：

1 公共建筑室内外台阶踏步宽度不宜小于0.3m，踏步高度不宜大于0.15m，且不宜小于0.1m；

2 踏步应采取防滑措施；

3 室内台阶踏步数不宜少于2级，当高差不足2级时，宜按坡道设置；

4 台阶高度超过0.7m时，应在临空面采取防护设施。

6.7.2 坡道设置应符合下列规定：

3 坡道应采取防滑措施；

4 当坡道高度超过0.7m时，应在临空面采取防护设施。

3.《住宅建筑规范》GB 50368—2005

4.3.3 无障碍通路应贯通，并应符合下列规定：

1 坡道的坡度应符合表4.3.3的规定。

2 人行道在交叉路口、街坊路口、广场入口处应设缘石坡道，其坡面应平整，且不应光滑。坡度应小于1：20，坡宽应大于1.2m。

3 通行轮椅车的坡道宽度不应小于1.5m。

5.3.2 建筑入口及入口平台的无障碍设计应符合下列规定：

1 建筑入口设台阶时，应设轮椅坡道和扶手；

2 坡道的坡度应符合表5.3.2的规定。

5.3.3 七层及七层以上住宅建筑入口平台宽度不应小于2.00m。

1.2.7 沉降观测点

《建筑变形测量规范》JGJ 8—2016

7.1.2 沉降监测点的布设应符合下列规定：

2 对民用建筑，沉降监测点宜布设在下列位置：

1）建筑的四角、核心筒四角、大转角处及沿外墙每10m～20m处或每隔2根～3根柱基上；

2）高低层建筑、新旧建筑和纵横墙等交接处的两侧；

3）建筑裂缝、后浇带两侧、沉降缝两侧、基础埋深相差悬殊处、人工地基与天然地基接壤处、不同结构的分界处及填挖方分界处以及地质条件变化处两侧；

4）对宽度大于或等于15m、宽度虽小于15m但地质复杂以及膨胀土、湿陷性土地区的建筑，应在承重内隔墙中部设内墙点，并在室内地面中心及四周设地面点；

5）邻近堆置重物处、受振动显著影响的部位及基础下暗浜处；

6）框架结构及钢结构建筑的每个或部分柱基上或沿纵横轴线上；

7）筏形基础、箱形基础底板或接近基础的结构部分之四角处及其中部位置；

8）重型设备基础和动力设备基础的四角、基础形式或埋深改变处；

9

9) 超高层建筑或大型网架结构的每个大型结构柱监测点数不宜少于2个，且应设置在对称位置。

3 对电视塔、烟囱、水塔、油罐、炼油塔、高炉等大型或高耸建筑，监测点应设在沿周边与基础轴线相交的对称位置上，点数不应少于4个。

4 对城市基础设施，监测点的布设应符合结构设计及结构监测的要求。

7.1.5 沉降观测的周期和观测时间应符合下列规定：

4 建筑沉降达到稳定状态可由沉降量与时间关系曲线判定。当最后100d的最大沉降速率小于0.01mm/d～0.04mm/d时，可认为已达到稳定状态。对具体沉降观测项目，最大沉降速率的取值宜结合当地地基土的压缩性能来确定。

1.2.8 外檐电气

1.《电气装置安装工程 电缆线路施工及验收标准》GB 50168—2018

5.2.8 当直线段钢制电缆桥架超过30m，铝合金或玻璃钢制电缆桥架超过15m时，应有伸缩装置，其连接宜采用伸缩连接板。

5.2.10 金属电缆支架、桥架及竖井全长均必须有可靠的接地。

5.3.3 城市电缆线路通道的标识应按设计要求设置。当设计无要求时，应在电缆通道直线段每隔15m～50m处、转弯处、T形口、十字口和进入建（构）筑物等处设置明显的标志或标桩。

8.0.1 对爆炸和火灾危险环境、电缆密集场所或可能着火蔓延而酿成严重事故的电缆线路，防火阻燃措施必须符合设计要求。

2.《电气装置安装工程 接地装置施工及验收规范》GB 50169—2016

3.0.4 电气装置的下列金属部分，均必须接地：

1 电气设备的金属底座、框架及外壳和传动装置。

2 携带式或移动式用电器具的金属底座和外壳。

3 箱式变电站的金属箱体。

4 互感器的二次绕组。

5 配电、控制、保护用的屏（柜、箱）及操作台的金属框架和底座。

6 电力电缆的金属护层、接头盒、终端头和金属保护管及二次电缆的屏蔽层。

7 电缆桥架、支架和井架。

8 变电站（换流站）构、支架。

9 装有架空地线或电气设备的电力线路杆塔。

10 配电装置的金属遮栏。

11 电热设备的金属外壳。

4.1.8 严禁利用金属软管、管道保温层的金属外皮或金属网、低压照明网络的导线铅皮以及电缆金属护层作为接地线。

4.2.9 电气装置的接地必须单独与接地母线或接地网相连接，严禁在一条接地线中串接两个及两个以上需要接地的电气装置。

4.3.4 接地线、接地极采用电弧焊连接时应采用搭接焊缝，其搭接长度应符合下列规定：

1 扁钢应为其宽度的 2 倍且不得少于 3 个棱边焊接；

2 圆钢应为其直径的 6 倍；

3 圆钢与扁钢连接时，其长度应为圆钢直径的 6 倍。

4.3.8 沿电缆桥架敷设铜绞线、镀锌扁钢及利用沿桥架构成电气通路的金属构件，如安装托架用的金属构件作为接地网时，电缆桥架接地时应符合下列规定：

1 电缆桥架全长不大于 30m 时，与接地网相连不应少于 2 处。

2 全长大于 30m 时，应每隔 20m～30m 增加与接地网的连接点。

3 电缆桥架的起始端和终点端应与接地网可靠连接。

3. 《建筑电气工程施工质量验收规范》GB 50303—2015

3.1.7 电气设备的外露可导电部分应单独与保护导体相连接，不得串联连接，连接导体的材质、截面积应符合设计要求。

6.1.1 电动机、电加热器及电动执行机构的外露可导电部分必须与保护导体可靠连接。

11.1.1 金属梯架、托盘或槽盒本体之间的连接应牢固可靠，与保护导体的连接应符合下列规定：

1 梯架、托盘和槽盒全长不大于 30m 时，不应少于 2 处与保护导体可靠连接；全长大于 30m 时，每隔 20m～30m 应增加一个连接点，起始端和终点端均应可靠接地。

2 非镀锌梯架、托盘和槽盒本体之间连接板的两端应跨接保护联结导体，保护联结导体的截面积应符合设计要求。

3 镀锌梯架、托盘和槽盒本体之间不跨接保护联结导体时，连接板每端不应少于 2 个有防松螺帽或防松垫圈的连接固定螺栓。

11.2.1 当直线段钢制或塑料梯架、托盘和槽盒长度超过 30m，铝合金或玻璃钢制梯架、托盘和槽盒长度超过 15m 时，应设置伸缩节；当梯架、托盘和槽盒跨越建筑物变形缝处时，应设置补偿装置。

4. 《建筑电气照明装置施工与验收规范》GB 50617—2010

4.3.3 建筑物景观照明灯具安装应符合下列规定：

1 在人行道等人员来往密集场所安装的灯具，无围栏防护时灯具底部距地面高度应在 2.5m 以上；

2 灯具及其金属构架和金属保护管与保护接地线（PE）应连接可靠，且有标识；

3 灯具的节能分级应符合设计要求。

1.2.9　外檐设备及管道

《建筑给水排水及采暖工程施工质量验收规范》GB 50242—2002

5.3.3　悬吊式雨水管道的敷设坡度不得小于5‰；埋地雨水管道的最小坡度应符合表5.3.3的规定。

地下埋设雨水排水管道的最小坡度　　　　表5.3.3

项次	管径(mm)	最小坡度(‰)
1	50	20
2	75	15
3	100	8
4	125	6
5	150	5
6	200～400	4

5.3.5　雨水斗管的连接应固定在屋面承重结构上。雨水斗边缘与屋面相连处应严密不漏。连接管管径当设计无要求时，不得小于100mm。

5.3.6　悬吊式雨水管道的检查口或带法兰堵口的三通的间距不得大于表5.3.6的规定。

悬吊管检查口间距　　　　表5.3.6

项次	悬吊管直径(mm)	检查口间距(m)
1	≤150	≤15
2	≥200	≤20

9.3　消防水泵接合器及室外消火栓安装。

9.3.1　系统必须进行水压试验，试验压力为工作压力的1.5倍，但不得小于0.6MPa。

9.3.3　消防水泵接合器和室外消火栓当采用墙壁式时，如设计未要求，进、出水栓口的中心安装高度距地面为1.10m，其上方应设有防坠落物打击的措施。

9.3.5　地下式消防水泵接合器顶部进水口或地下式消火栓顶部出水口与消防井盖底面的距离不得大于400mm，井内应有足够的操作空间，并设爬梯。

1.2.10　外檐建筑节能

《建筑节能工程施工质量验收标准》GB 50411—2019

3.1.2　当工程设计变更时，建筑节能性能不得降低，且不得低于国家现行有关建筑节能设计标准的规定。

4.2.2　墙体节能工程使用的材料、产品进场时，应对其下列性能进行复验，复验应为见证取样检验：

1　保温隔热材料的导热系数或热阻、密度、压缩强度或抗压强度、垂直于板面方向的抗拉强度、吸水率、燃烧性能（不燃材料除外）；

2　复合保温板等墙体节能定型产品的传热系数或热阻、单位面积质量、拉伸粘结强度、燃烧性能（不燃材料除外）；

3　保温砌块等墙体节能定型产品的传热系数或热阻、抗压强度、吸水率；

4　反射隔热材料的太阳光反射比，半球发射率；

5　粘结材料的拉伸粘结强度；

6　抹面材料的拉伸粘结强度、压折比；

7　增强网的力学性能、抗腐蚀性能。

4.2.3　外墙外保温工程应采用预制构件、定型产品或成套技术，并应由同一供应商提供配套的组成材料和型式检验报告。型式检验报告中应包括耐候性和抗风压性能检验项目以及配套组成材料的名称、生产单位、规格型号及主要性能参数。

4.2.7　墙体节能工程的施工质量，必须符合下列规定：

1　保温隔热材料的厚度不得低于设计要求。

2　保温板材与基层之间及各构造层之间的粘结或连接必须牢固。保温板材与基层的连接方式、拉伸粘结强度和粘结面积比应符合设计要求。保温板材与基层之间的拉伸粘结强度应进行现场拉拔试验，且不得在界面破坏。粘结面积比应进行剥离检验。

3　当采用保温浆料做外保温时，厚度大于 20mm 的保温浆料应分层施工。保温浆料与基层之间及各层之间的粘结必须牢固，不应脱层、空鼓和开裂。

4　当保温层采用锚固件固定时，锚固件数量、位置、锚固深度、胶结材料性能和锚固力应符合设计和施工方案的要求；保温装饰板的锚固件应使其装饰面板可靠固定；锚固力应做现场拉拔试验。

5.2.2　幕墙（含采光顶）节能工程使用的材料、构件进场时，应对其下列性能进行复验，复验应为见证取样检验：

1　保温隔热材料的导热系数或热阻、密度、吸水率、燃烧性能（不燃材料除外）；

2　幕墙玻璃的可见光透射比、传热系数、遮阳系数，中空玻璃的密封性能；

3　隔热型材的抗拉强度、抗剪强度；

4　透光、半透光遮阳材料的太阳光透射比、太阳光反射比。

6.2.2　门窗（包括天窗）节能工程使用的材料、构件进场时，应按工程所处的气候区核查质量证明文件、节能性能标识证书、门窗节能性能计算书、复验报告，并应对下列性能进行复验，复验应为见证取样检验：

1　严寒、寒冷地区：门窗的传热系数、气密性能；

2　夏热冬冷地区：门窗的传热系数气密性能，玻璃的遮阳系数、可见光透射比；

3　夏热冬暖地区：门窗的气密性能，玻璃的遮阳系数、可见光透射比；

4　严寒、寒冷、夏热冬冷和夏热冬暖地区：透光、部分透光遮阳材料的太阳光透射比、太阳光反射比，中空玻璃的密封性能。

1.3 管理规定

（1）外檐装饰装修相关方案的制定及施工应以经济、适用、安全、美观、节能环保及绿色施工为原则。

（2）外檐装饰装修施工前应完成相关深化设计、施工方案、策划方案及技术质量交底等相关准备工作，在方案制定过程中应充分利用 BIM 技术手段。

（3）外檐装饰装修策划方案应明确统一质量标准、管理体系及相关责任人的岗位职责、工序顺序、细部节点做法、各专业之间的组织协调，施工须充分发挥总承包单位的作用。

（4）外檐装饰装修施工方案、策划方案应明确其施工重点、难点、相关技术及管理措施。

（5）外檐装饰装修施工所用的材料、半成品及部品部件须严格进场检验、试验及验收。

（6）技术质量交底应确保交底至班组及操作工人，明确工艺措施、质量标准及相关要求。

（7）实施样板引路制度，各工序及细部在施工前须先做施工样板，样板得到确认后才能进入正式施工。

（8）严格按样板及方案施工，过程中相关责任人应加强质量控制与检查，确保过程质量处于完全受控状态。

（9）工序隐蔽前确保完成检查且符合要求后方可进入下一道工序施工。

（10）外檐相关检测试验及工程技术资料的收集整理应保持与工程进度同步。

1.4 深化设计

1.4.1 深化设计原则

（1）屋面工程深化设计应符合原设计施工图纸的意图，满足原设计的使用功能。

（2）屋面工程深化设计应遵循空间布置科学合理、因地制宜的原则，由现场实测实量确定。

（3）需要各专业协同工作、系统深化的，应采用 BIM 技术，综合排布屋面结构、建筑、机电、设备等施工图纸。

（4）深化设计应做到排布合理，施工方便，节约成本，功能完善，协调美观，居中、对称、成行。

（5）深化设计图应包括设计说明，图纸目录，平面、立面、剖面、节点详图等，需经原设计单位审核，并盖章或签字。

1.4.2 深化设计顺序

1. 屋面排水深化

屋面排水深化应先将屋面划为若干个排水分区，然后通过适宜的排水坡和排水沟，分别将雨水引向各自的雨水管再排至地面。具体步骤：

(1) 确定屋面坡度的形成方法和坡度大小；

(2) 选择排水方式，划分排水区域；

(3) 确定天沟的断面形式和尺寸；

(4) 确定水落管所用材料和大小及间距，绘制屋顶排水平面图。

2. 屋面排版深化

屋面保护层排砖排版应尽可能采用整砖，非整砖不宜小于 1/2，对于 100mm×100mm 规格的屋面砖应排整砖，根据排版情况适当考虑灰缝宽度。

伸缩缝两边考虑两种颜色的屋面砖，增加屋面的立体感。

排水坡度、坡向、排水沟构造合理。

3. 屋面机电设备深化

包括平面布置、系统布置、管线综合、剖面、节点、支吊架等。

4. 屋面结构预留预埋深化

1.4.3　深化设计内容

1. 屋面排水坡度和坡向设计

对屋面排水沟、排水坡度及分水线进行优化，做到脊线清晰，坡度坡向正确。排水有组织，不得有挡水积水。避免出现图纸不明确、找坡不合理等问题。

材料找坡屋面坡度不小于 2%。结构找坡屋面坡度不小于 3%。天沟、檐沟的排水坡度符合设计要求，水落口周围直径 500mm 范围内坡度不小于 5%。

单坡排水的屋面宽度不宜超过 12m，矩形天沟净宽不宜小于 200mm，天沟纵坡最高处离天沟上口的距离不小于 120mm。

水落管的内径不宜小于 75mm，水落管间距一般为 18~24m，每根水落管可排除约 200m² 的屋面雨水。

排水坡度和坡向优化：可以采取有组织排水方式，增加排水沟，有利于屋面排水顺畅；排水沟阳角做法优化，阳角增加条形地砖，既美观又耐用，排水沟设置伸缩缝，与屋面伸缩缝对应一致，既防止开裂，又美观协调。

直式落水口：根据水沟设置走向，确定落水口位置，如落水口在水沟中，为保证美观，利于排水，尽量居中设置；如落水口不在水沟内，可增加一段排水沟与整个排水沟连通，保证排水通畅。对落水口预留预埋进行复测，确保位置准确，落水口周边采用密封胶封闭。

2. 屋面排版深化

屋面分格缝位置、尺寸：块材分格缝间距不大于 6m，细石混凝土整体面层分格缝间距不大于 4m。100 规格的砖灰缝为 8~12mm，100~200 规格的砖灰缝为 10~15mm。

因屋面设计做法不同，对细部排版采取 BIM 综合排布、优化，以满足适用、美观需求，包括突出屋面女儿墙、山墙、檐口、檐沟和天沟、水落口、水落管、变形缝、伸出屋面管道、正置屋面排气管道、设备基础、出入口、反梁过水孔、屋面爬梯、屋面栏杆。如排气管优化：包括材质、管径和做法，是明排还是暗排，保证与屋面整体协调。女儿墙泛水保护层优化：可采用装配式混凝土构件，做成圆弧形，拼缝采用防裂处理，这样不仅美观，而且解决了女儿墙防水保护层开裂问题。伸出屋面管道：优化为成行成线，高度一致；管道周边浇筑 250cm 高混凝土墩台，并将混凝土墩台做成圆弧形；管道根部须用密封胶处理；防水卷材收口处应用金属箍箍紧，并用密封材料封闭处理。

3. 屋面结构预留预埋深化

屋面板结构施工前按照屋面排水、排版、机电设备的深化图，将伸出屋面管道预埋套管、设备基础的预留钢筋、预埋钢板、预埋件等的做法、尺寸和位置绘制于屋面结构施工详图中。

第2章

屋面工程

2.1 面砖屋面

2.1.1 适用范围

适用于非上人平屋面和上人平屋面的防水保护层面层装饰。

2.1.2 质量要求

（1）屋面砖品种、规格、颜色、质量，必须符合设计要求和有关标准的规定。砖面层与基层的结合必须牢固，无空鼓。表面整洁，分格缝干净，平整、坚实，图案清晰，光亮光滑，色泽一致，接缝均匀、顺直，板块无裂纹、掉角和掉瓷。

（2）屋面砖铺贴时，宜采用1∶3的干硬性水泥砂浆，砂浆结合层应平整，屋面砖之间宜预留8～10mm的缝隙，并用1∶2水泥砂浆勾缝。

（3）屋面砖施工时，宜设置分格缝，分格缝纵横间距不应大于6m，分格缝宽度宜为20mm，屋面砖与女儿墙之间应预留25mm的缝隙，缝内宜填充聚苯乙烯泡沫塑料，并应用密封材料嵌填密实。

（4）水落口和面层排水坡度符合设计要求，不倒泛水，不积水，水落口与面层结合处严密牢固。

（5）屋面砖施工排版宜以女儿墙、排水沟、风井、机房、设备基础为节点，保证冲缝镶贴。排水坡度及平面尺寸符合设计要求和施工规范的规定，且边角整齐、线条顺直（图2.1-1）。

（6）屋面砖施工时环境温度不宜低于5℃。

2.1.3 工艺流程

基层清理→抄测标高、设置控制线→贴灰饼、冲筋→选砖→排砖→铺结合层砂浆→屋面砖镶贴→勾缝→养护→嵌缝。

2.1.4 精品要点

（1）前期策划时，认真分析施工图纸，根据施工图纸进行排版工作，屋面广场砖的镶

17

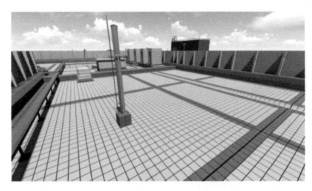

图 2.1-1 屋面砖施工排版

贴，必须经过缜密的策划，规范镶贴排模，保证镶贴质量。排版要求大气、美观、不琐碎。其次，在屋面广场砖镶贴前，须对屋面进行全面测量，根据出屋面构筑物的实际位置和具体尺寸，确定分格缝数量和砖缝宽度。

（2）屋面面砖要求排版整齐，分格缝规范顺直，突出屋面的构筑物及管根部位要留设伸缩缝，宽度宜为 20mm，做法要精致美观。合理划分界隔区域，界隔区宜按照串边（用不同颜色面砖加以区分）进行施工。

（3）施工前需将基层表面的积灰、油污、浮浆及杂物等清理干净。按面层坡度确定结合层的厚度，设置双向控制线，再进行水泥砂浆结合层施工。宜采用 1∶3 的干硬性水泥砂浆，砂浆结合层施工前，应提前洒水湿润屋面基层。

（4）屋面广场砖施工需考虑整体尺寸、屋面伸缩缝、排水沟、女儿墙、屋脊线、排水坡度的影响，施工过程中，先镶贴串边及排水沟端部，确定出总体布局，然后根据串边间距确定广场砖之间缝隙宽度。

（5）屋面排水沟及天沟坡度及排水需满足设计要求。为了保证排水沟镶贴效果美观新颖，排水沟端部应采用整砖镶贴（图 2.1-2）。

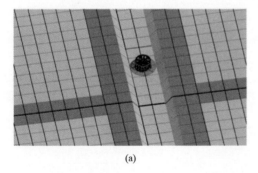
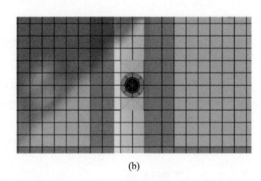

(a)　　　　　　　　　　　　　　　　　　　(b)

图 2.1-2 排水沟镶贴

（6）为了保证排水沟排水顺畅，排水沟纵向坡度不应小于 1％，且应满足设计要求。水落口周边 500mm 范围内，排水坡度不应小于 5％。雨水箅子尺寸冲缝设置时，为保证大面效果，瓷砖分格缝与女儿墙分格缝应保持冲缝镶贴。

（7）勾缝、擦缝时应采用同品种、同强度等级、同颜色的水泥。用水泥细砂浆勾缝，缝内深度宜为 2~3mm，缝内砂浆应密实、平整、光滑。边勾缝边将剩余水泥砂浆清走、擦净。勾缝形成八字缝，确保勾缝整齐美观。

（8）排烟道、排风井周边应设置分格缝，分格缝应紧挨排烟道及风井，设备基础周边预留分格缝，贴砖时需考虑设备基础位置，调整设备基础尺寸，使其保证整砖冲缝镶贴，屋面设备基础高度统一，做法与其他基础保持一致（图 2.1-3）。

图 2.1-3 设备基础部位镶贴图

（9）出屋面管道根部可采用瓷砖或 R 弧做护角，基础根部应居中布置。出气孔与串边中线冲缝安装。出屋面管道根部要按排版要求进行施工，保证瓷砖居中、整齐、美观（图 2.1-4）。

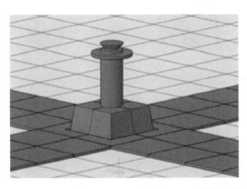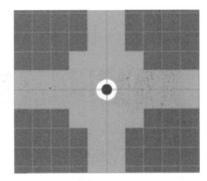

图 2.1-4 出屋面管道根部做法图

（10）面砖应在镶贴完成 24h 后洒水养护，养护时间不应少于 7d。

（11）屋面设置的分格缝需用密封材料嵌填，一般采用沥青玛蹄脂进行嵌缝。嵌缝应宽窄一致，线条顺直，不污染屋面砖。

2.1.5 实例或示意图

实例或示意图如图 2.1-5 所示。

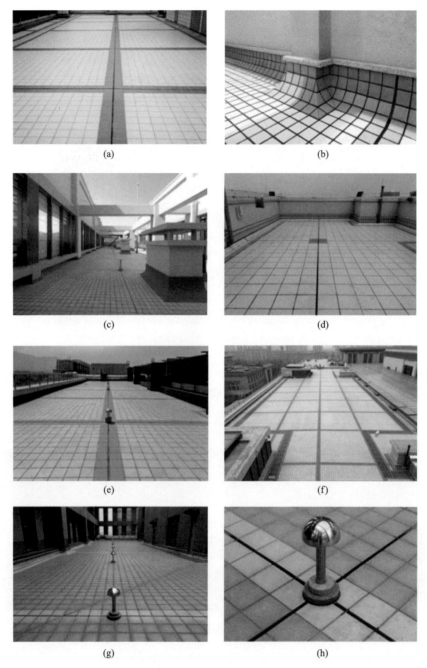

图 2.1-5　实例或示意图

2.2　屋面女儿墙（砖面层）

2.2.1　适用范围

适用于采用卷材防水的正置式屋面、饰面砖泛水的屋面女儿墙施工。

2.2.2 质量要求

（1）女儿墙压顶及泛水坡向正确，阴阳角顺直，泛水高度符合设计要求，弧度一致、顺畅、自然。

（2）女儿墙及泛水砖面层应按照对称、居中、对缝原则进行排版，与屋面砖协调，与基层粘结牢固，平整、无空鼓。

（3）阳角饰面砖采用45°倒角施工，饰面砖应色泽一致、无色差，砖缝宽窄一致、交圈，接缝平整。

（4）女儿墙饰面砖分格缝与屋面砖对应，宽窄一致；嵌缝密实饱满、表面光滑。

2.2.3 工艺流程

防水基层处理→防水层施工→保温层施工→压顶施工→面砖排版、弹线定位→泛水模具制作→混凝土基层施工→镶贴弧形面砖→面砖勾缝、养护→伸缩缝填嵌、打胶。

2.2.4 精品要点

（1）女儿墙与屋面基层连接处抹成圆弧，圆弧半径20mm（SBS防水卷材为50mm）。女儿墙根部及转角部位应设置防水附加层，每边附加层厚度不低于250mm。

（2）女儿墙防水收头应高出屋面完成面至少250mm，采用金属压条、水泥钉或射钉固定，密封材料封闭，经蓄水试验合格后方可进行防水保护层施工。

（3）女儿墙内侧及铝板压顶内保温应按设计要求采用不燃保温浆料，保温层应与屋面保温层衔接。

（4）铝板压顶应外高内低，坡度不低于5%。铝板应工厂预制，下口应做滴水处理，铝板板缝与饰面砖砖缝应对齐（图2.2-1、图2.2-2）。

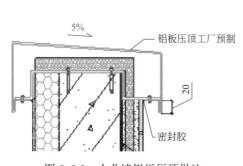

图 2.2-1 女儿墙铝板压顶做法　　　　　图 2.2-2 女儿墙铝板压顶效果

（5）泛水施工前进行策划排版，结合屋面保护层分格分块情况，确定圆弧泛水大小、缝宽等。饰面砖泛水应设伸缩缝，与屋面砖伸缩缝应对齐，与屋面交接处应设置30mm伸缩缝。

（6）根据面砖模数确定好圆弧泛水高度及宽度后，制作控制基层的模具。用C20细石混凝土打底，1:3水泥砂浆抹面，间隔500mm打点并冲筋，依次控制圆弧的弧度大小。

图 2.2-3 女儿墙泛水饰面砖实例

（7）面砖镶贴应先镶贴圆弧阴阳角，拉线镶贴圆弧面砖，确保弧度一致，缝隙一致。

（8）面砖铺完 2d 后，用专用美缝剂勾缝，缝宽均匀，深度一致，分色平直、清晰。待美缝剂终凝后及时覆盖喷水养护，确保面砖粘贴牢固，勾缝密实。

（9）女儿墙面砖分格缝及根部伸缩缝应用密封胶收口，低于面层 2～3mm，呈"凹"形，十字交叉处做成"×"形，打胶应密实、连续、顺直、饱满（图 2.2-3）。

2.2.5 实例或示意图

实例或示意图见图 2.2-4。

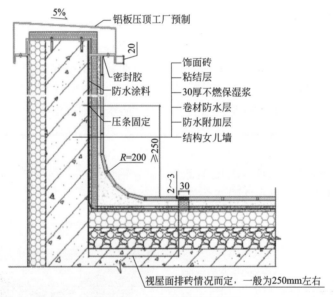

图 2.2-4 女儿墙做法示意图

2.3 屋面卫生间排风道

2.3.1 适用范围

适用于采用卷材防水的正置式屋面、顶部为预制混凝土盖板、外贴饰面砖的排风道施工。

2.3.2 质量要求

（1）位置及标高准确，排布合理，成排成线，防水排水措施到位，根部嵌缝均匀、密实、美观。

（2）排风道断面、形状、尺寸和内壁应有利于排气通畅，防止产生阻滞、涡流、窜烟、漏气和倒灌等现象。

2.3.3 工艺流程

结构楼板洞口预留定位→盖板预制→排风道砌砖→排风道抹灰→防水层施工→面砖铺贴→根部打胶→盖板安装→百叶安装。

2.3.4 精品要点

（1）屋面结构楼板施工时应根据策划后的整体布局确定预留洞口的位置，进行精准定位，拉通线进行洞口预留，保证预留洞口位置准确。

（2）预制盖板采用 C20 混凝土制作，内配钢丝网片，做排水分坡线，下部加滴水线。多块对拼安装时，拼接缝部位铺贴网格布进行加强抹灰（图 2.3-1）。

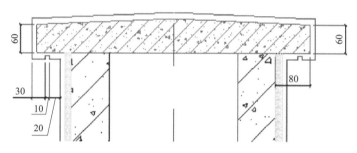

图 2.3-1 预制混凝土盖板及滴水线做法详图

（3）根据图纸及图集要求进行排风道砌筑，排风道截面尺寸应根据面砖尺寸排布进行确定，并考虑抹灰及面层做法厚度尺寸。

（4）排风道内侧抹灰应随砌随抹，外侧抹灰待排风道砌筑完成后进行。

（5）防水附加层每边的铺设宽度应不小于 250mm，防水卷材铺贴完成后进行二次抹灰。

（6）排风道面砖应与屋面砖模数对应，尽量做到整砖排布。面砖铺贴应自下而上进行，阳角部位进行 45°碰角式施工（图 2.3-2）。

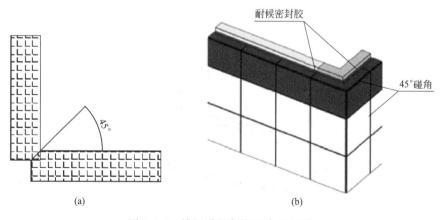

图 2.3-2 排风道阳角饰面砖 45°碰角

（7）排风道根部使用耐候密封胶嵌缝，缝隙宽度应与屋面砖分格统筹考虑，胶缝应均匀、连续、饱满、美观、无污染（图 2.3-3）。

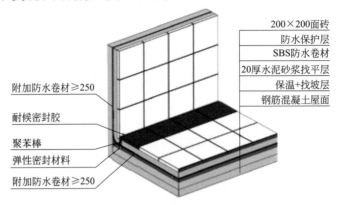

图 2.3-3　排风道根部防水及密封构造

（8）两侧排风洞口铝合金百叶安装牢固、方向正确。

2.3.5　实例或示意图

实例或示意图见图 2.3-4～图 2.3-9。

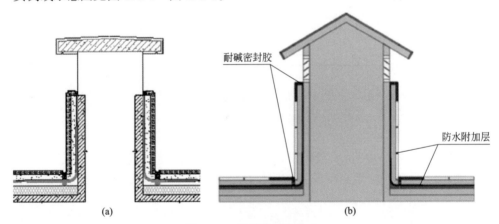

(a)　　　　　　　　　　　　　　　　　　(b)

图 2.3-4　排风井整体构造

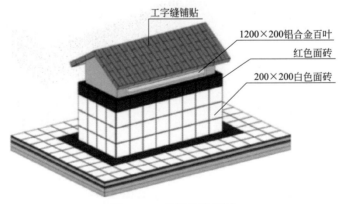

图 2.3-5　排风井效果图

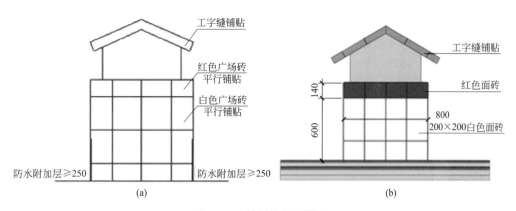

图 2.3-6　排风井侧面详图

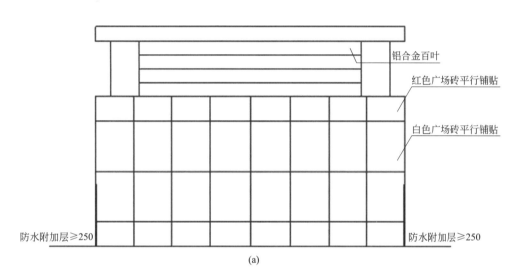

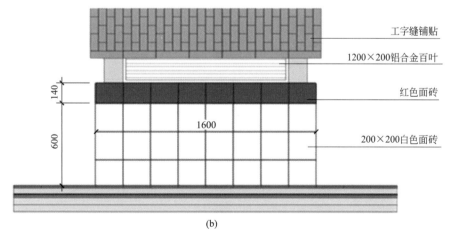

图 2.3-7　排风井正面详图

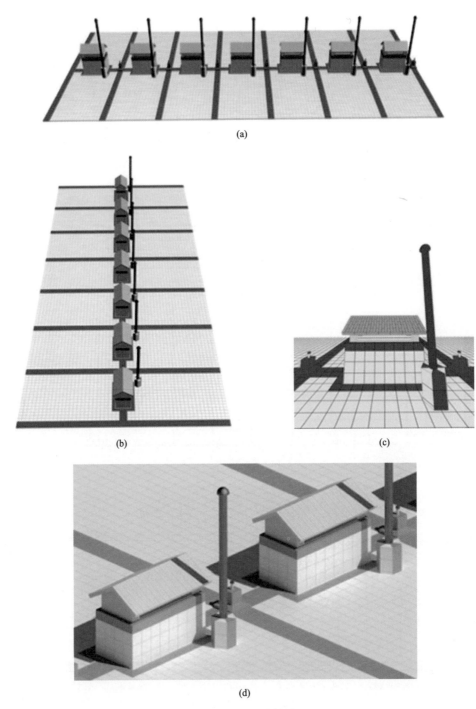

(a)

(b)   (c)

(d)

图 2.3-8　排风道效果图

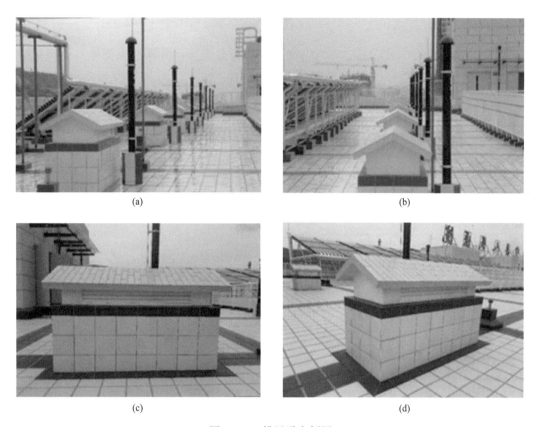

(a)   (b)

(c)   (d)

图 2.3-9 排风道实例图

2.4 屋面天沟、檐沟施工

2.4.1 适用范围

适用于混凝土屋面、金属屋面施工。

2.4.2 质量要求

（1）屋面天沟、檐沟纵向找坡坡度不应小于 1%，水落口周边 500mm 范围内坡度不应小于 5%，沟内不得有渗漏和积水现象。

（2）檐沟防水层应由沟底翻上至外侧顶部，卷材收头应用金属压条钉压固定，并应用密封材料封严；涂膜收头应用防水涂料多遍涂刷。

（3）檐沟外侧顶部及侧面均应抹聚合物水泥砂浆，其下端应做成鹰嘴或滴水槽。

2.4.3 工艺流程

策划排版→基层施工（金属屋面龙骨安装）→防水层施工→面层施工→打胶。

2.4.4 精品要点

（1）天沟两侧 150～200mm 处应留设一道伸缩分隔缝，分隔缝内弹性材料填充应饱满、均匀。

（2）块状材料屋面天沟、檐沟两侧采用深色饰面砖进行镶边，涂饰屋面天沟两侧采用深色涂料进行标识。

（3）天沟、檐沟两侧坡度一致、均匀对称。

2.4.5 实例或示意图

实例或示意图见图 2.4-1～图 2.4-4。

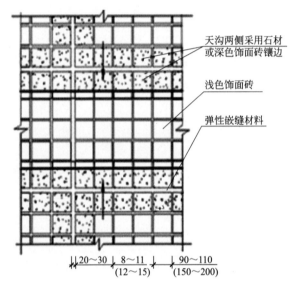

图 2.4-1 屋面天沟排版图

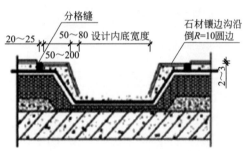

图 2.4-2 屋面天沟剖面示意图

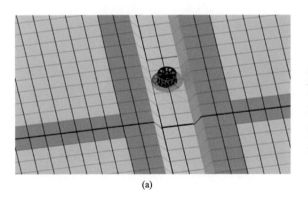

(a)

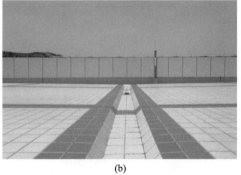

(b)

图 2.4-3 屋面天沟实例图（一）

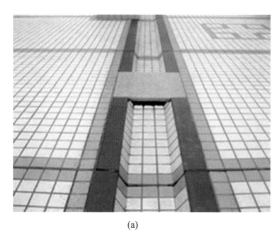
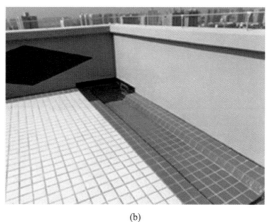

(a) (b)

图 2.4-4 屋面天沟实例图（二）

2.5 屋面水落口（虹吸）

2.5.1 适用范围

适用于各种类型的屋面水落口。

2.5.2 质量要求

（1）水落口周边坡度为 5%，坡向排水口，排水通畅，美观协调。

（2）虹吸雨水斗的防叶罩、格栅片在安装雨水斗时一定要装好，防止杂物进入雨水斗中造成堵塞。

（3）安装牢固，固定方法正确，排水通畅，无渗漏。

2.5.3 工艺流程

施工准备→预留预埋→支架制作安装→天沟雨水斗安装→排水管安装→排水管道试验→系统接驳→全面检查→验收。

2.5.4 精品要点

（1）设计水落口周围排版图案，按照设计部位留置水落口预留洞。

（2）水落口周边约 500mm 范围内坡度不小于 5%，保证排水通畅。

2.5.5 实例或示意图

实例或示意图见图 2.5-1、图 2.5-2。

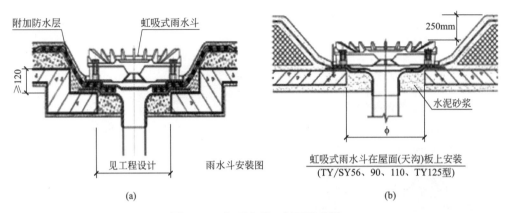

图 2.5-1 虹吸水落口剖面示意图

图 2.5-2 虹吸水落口实例

2.6 屋面水落口（直式）

2.6.1 适用范围

适用于各种类型的屋面水落口。

2.6.2 质量要求

水落口周边坡度为 5‰，设置坡向排水口，排水通畅，美观协调。

2.6.3 工艺流程

BIM 排版→弹线定位及吊洞→水落斗安装及防水收头→贴砖、嵌缝→安装箅子。

2.6.4 精品要点

（1）设计水落口周围排版图案，按照设计部位留置水落口预留洞。

（2）安装前对洞口位置及尺寸进行复核并调整，水落斗应安装稳固并居洞口中心。

（3）水落口周边约 500mm 范围内坡度不小于 5％，保证排水通畅。

2.6.5 实例或示意图

实例或示意图见图 2.6-1～图 2.6-3。

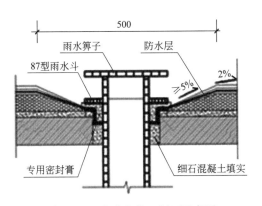

图 2.6-1 直式水落口剖面示意图

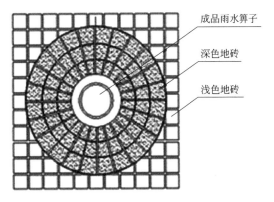

图 2.6-2 直式水落口示意图

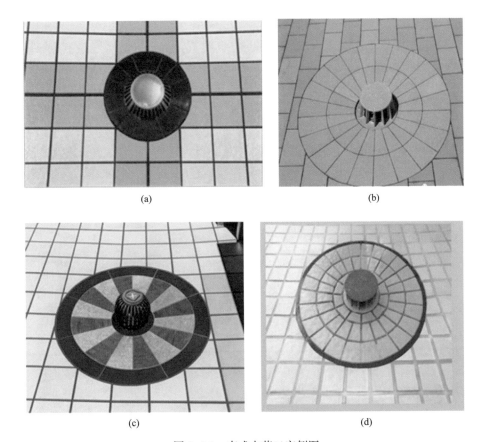

图 2.6-3 直式水落口实例图

2.7 屋面水落口（横式）、水落管

2.7.1 适用范围

适用于各种类型的屋面水落口。

2.7.2 质量要求

（1）水落口周边坡度为5％，设置坡向排水口，排水通畅，美观协调。
（2）水落口中心对应水簸箕，水落口距离底板垂直高度不应小于150mm，宜为150～200mm。
（3）安装牢固，固定方法正确，排水通畅，无渗漏。

2.7.3 工艺流程

洞口预留及水落口选型→出水口安装→卷材收头→算子及石材加工→石材安装→不锈钢雨水算子安装。

2.7.4 精品要点

（1）女儿墙施工时预留落水洞口，应考虑屋面建筑做法厚度，水落口下边缘不宜高于防水层。
（2）水落口的选型应保证出水通畅，材质可选用不锈钢、铸铁等，不宜选用耐久性差的塑料制品等。
（3）水落口四周可用石材或面砖等镶边，颜色应与屋面砖协调。
（4）水算子应安装牢固，且能够拆装，建议四周做槽形框，将水算子插入槽形框内。
（5）水落口周边约500mm范围内设置坡度不小于5％的坡向排水口，保证排水通畅。

2.7.5 实例或示意图

实例或示意图见图2.7-1～图2.7-3。

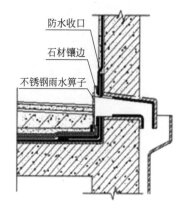

图2.7-1 横式水落口剖面示意图

图2.7-2 横式水落口实例图

   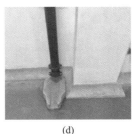

(a)　　　　　　　(b)　　　　　　　(c)　　　　　　　(d)

图 2.7-3　屋面水落口实例图

2.8　屋面排气孔（明设）

2.8.1　适用范围

适用于封闭式保温层或保温层干燥有困难的卷材屋面。

2.8.2　质量要求

（1）排气槽、排气孔设置应统一排版，均匀布置，纵横贯通。
（2）排气孔应设置在分格缝纵、横向交点中心位置，安装牢固，成行成线，排气通畅。
（3）排气管应成行成线且居分格缝中心，高度一致，打胶平滑，胶条宽窄一致。
（4）排气孔防水材料泛水高度不得小于250mm。

2.8.3　工艺流程

排气管排版→排气管、排气孔加工→排气管安装固定→屋面施工至面层→护墩施工→打胶。

2.8.4　精品要点

（1）根据屋面排版在分格缝保温层内设置排气管（道），宜采用埋设PVC（或其他材质）管打孔排气的方式。
（2）排气管设置于分格缝纵、横向交点处，应设于屋面标高较高部位。
（3）排气管生根于找坡层（保温层）等易吸水材料内，埋设管壁周边应打孔并采用纤维布缠绕防止堵塞，确保排气通畅，砖缝应对齐。
（4）排气管（道）防水收头高度大于250mm，应用卡箍固定牢固，收头严密。采用高度大于250mm的圆形或多边形护墩，将防水收头保护在内。
（5）排气道纵横贯通，间距宜为6m，屋面每36m^{2}的面积内设置一个排气道，与大气连通。
（6）排气帽形状可结合项目特点进行定制。

2.8.5　实例或示意图

实例或示意图见图2.8-1～图2.8-5。

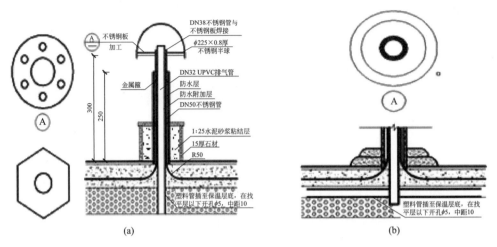

图 2.8-1　明设排气管及护墩剖面示意图

图 2.8-2　明设不锈钢排气管及护墩实例图

图 2.8-3　屋面明式排气帽实例图

图 2.8-4　多功能合一排气帽

图 2.8-5　石材明式排气帽

2.9　屋面排气孔（暗设）

2.9.1　适用范围

适用于封闭式保温层或保温层干燥有困难的卷材屋面。

2.9.2　质量要求

（1）墙内预埋排气管要牢固，不得产生裂缝、晃动等现象。
（2）排气槽、排气孔应统一排版，均匀布置，纵横贯通。
（3）排气管应成行成线且居分格缝中心，高度一致，打胶平滑，胶条宽窄一致。

2.9.3　工艺流程

引气管留设→排气孔安装→打胶→验收。

2.9.4　精品要点

（1）根据设计要求画出排气道施工布置图，排气道纵横间距不大于 6m，排气道应纵横贯通，与墙上预留排气管连通。
（2）排气孔应设于分格缝中间且不易受损、无障碍处，距屋面高度应大于 350mm，且高于屋脊 50mm。

2.9.5　实例或示意图

实例或示意图见图 2.9-1～图 2.9-3。

图 2.9-1 暗埋排气孔实例图

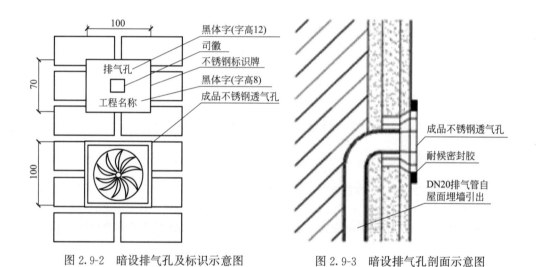

图 2.9-2 暗设排气孔及标识示意图   图 2.9-3 暗设排气孔剖面示意图

2.10 屋面出入口

2.10.1 适用范围

适用于上人屋面出屋面门洞处台阶做法。

2.10.2 质量要求

屋面出入口台阶单步宽度 300mm，台阶高度不大于 150mm，总台阶高度不低于 250mm，符合泛水要求；根部防水良好，铺贴牢固，与屋面面层块材成模数，美观实用。

2.10.3 工艺流程

优化出入口台阶尺寸→防水收口严密→组砌台阶（或浇筑混凝土台阶）→铺贴块材→台阶两侧粉刷。

2.10.4 精品要点

（1）测量现场尺寸，弹线定位进行现场放样，确定台阶尺寸。

（2）屋面防水卷材用水泥钉配金属压条固定于混凝土门槛处，收头用密封胶封严。

（3）依据规范要求组砌台阶，使其踏步宽度及高度均符合要求。进行门洞口结构施工时提前考虑，防水上翻高度不小于 250mm。

（4）铺贴块材时台阶内侧要高于外侧，避免雨水渗入室内。台阶两侧同墙面材料做到统一，增强观感。

出屋面台阶做法示意图见图 2.10-1。

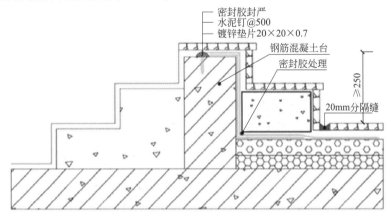

图 2.10-1　出屋面台阶做法示意图

2.10.5 实例或示意图

实例或示意图见图 2.10-2。

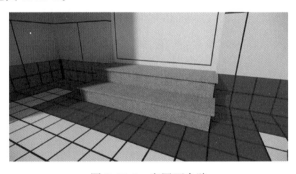

图 2.10-2　出屋面台阶

2.11 屋面变形缝

2.11.1 适用范围

适用于采用平屋面金属盖板的屋面沉降缝、变形缝施工，以及女儿墙变形缝处防雷接闪补偿措施的做法。

2.11.2 质量要求

（1）两侧墙体平整，压向正确，表面平整，棱角顺直，固定牢固，宽度符合设计要求。

（2）接闪带或接闪网在跨越建筑物变形缝处应采取补偿措施。

（3）跨接用导体的截面积不应小于原材料的截面积。

2.11.3 工艺流程

变形缝缝隙内填塞→变形缝内防水处理→金属盖板加工→盖板安装、打胶→接闪带欧姆弯制作→焊接→标识。

2.11.4 精品要点

1.屋面变形缝

（1）变形缝顶部用水泥砂浆找平，缝隙内根据设计要求进行填塞。

（2）当变形缝顶距屋面完成面低于450mm时，屋面防水沿变形缝顶连续铺设（变形余量），当变形缝顶距屋面完成面不低于450mm时，变形缝顶部防水向下翻200mm，并在变形缝内下卧预留100mm用于变形。

（3）屋面变形缝上口采用金属盖板时，金属盖板宽度应比双侧女儿墙宽出20mm（每边宽出10mm，便于伸缩）；盖板与女儿墙、盖板与盖板之间应注入中性结构胶进行连接处理。

（4）金属盖板内衬防腐木板，中间部位衬板间隔30mm用于变形；盖板两侧下翻50mm，端部做滴水处理；金属盖板顶面坡度为5％（图2.11-1）。

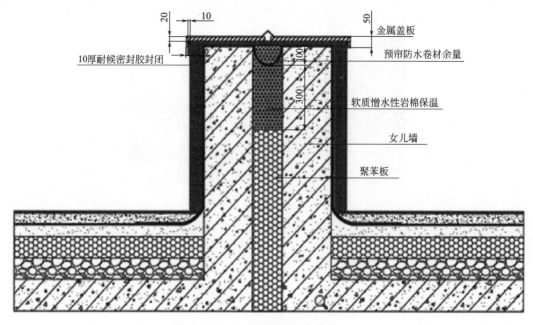

图2.11-1 屋面金属盖板变形缝做法

（5）伸缩缝处形成可踩踏面，需在女儿墙顶部安装护栏，且有伸缩措施。

2. 防雷引下线及接闪器

（1）接闪带欧姆弯圆弧圆滑，圆钢与圆钢搭接长度不小于圆钢直径的6倍，且双面施焊（图2.11-2、图2.11-3）。

（2）焊缝饱满美观，焊接牢固可靠，标识清晰。

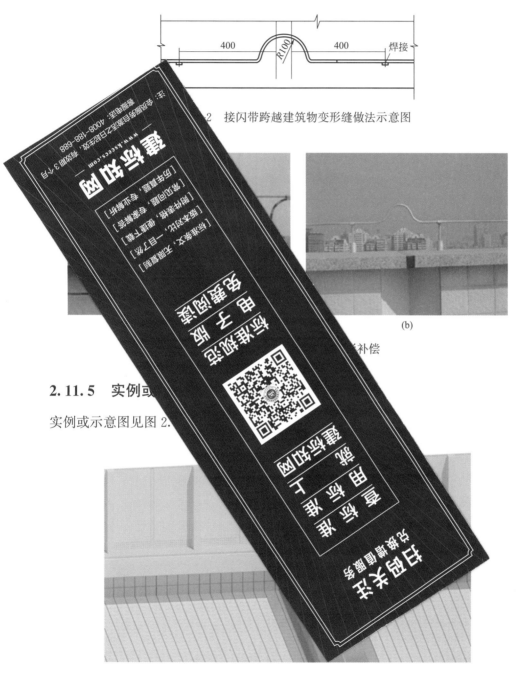

图 接闪带跨越建筑物变形缝做法示意图

(b)

补偿

2.11.5 实例或

实例或示意图见图2.

图2.11-4 屋面金属盖板变形缝做法

2.12 屋面栏杆

2.12.1 适用范围

适用于上人屋面女儿墙上金属栏杆安装及金属栏杆的防雷接地接闪安装。

2.12.2 质量要求

（1）安装及焊接牢固，屋面栏杆安装在女儿墙上，当临空高度在 24m 以下时，栏杆高度不低于 1.05m；当临空高度在 24m 及其以上时，栏杆高度不低于 1.10m。上人屋面和交通、商业、旅馆、医院、学校等建筑临时敞开中庭栏杆高度不应低于 1.20m；当底面有宽度大于或等于 0.22m 且高度低于或等于 0.45m 的可踏部位时，应从可踏部位顶面算起。

（2）金属栏杆及其埋件与引下线应直接可靠焊接并防腐；金属栏杆的伸缩缝处应采取接地补偿措施。

（3）不锈钢栏杆与接地点采用抱箍连接。

2.12.3 工艺流程

定位、放线→安装预埋件→固定栏杆→跨接地线设置→与引下线可靠连接→标识。

2.12.4 精品要点

1. 屋面栏杆安装

（1）沿女儿墙现场测量放线，确定固定点位置且安装预埋件。

（2）根据女儿墙宽度，宽度大于或等于 220mm 且高度低于或等于 450mm 的构件顶面为可踩踏面，栏杆高度应从可踩踏面顶部算起。

（3）确保总体栏杆高度不得低于 1100mm。临空高度在 24m 以下时，栏杆高度不应低于 1.05m；临空高度在 24m 及 24m 以上（包括中高层住宅）时，栏杆高度不应低于 1.10m。

（4）拉线固定栏杆，确保栏杆高度一致并顺直，构件表面光滑、无毛刺。

（5）跨越变形缝处栏杆做伸缩处理（图 2.12-1）。

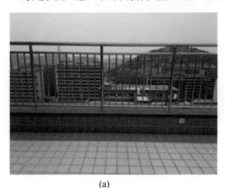
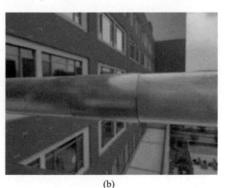

(a)　　　　　　　　　　　　　　(b)

图 2.12-1　跨越变形缝处栏杆做伸缩处理

2. 防雷引下线及接闪器

（1）栏杆为直角弯时应采用镀锌圆钢弯成圆弧弯焊在栏杆上过渡。

（2）金属栏杆伸缩节处做跨接地线，以保证金属栏杆接闪器的电气贯通。

（3）栏杆转弯处应加工成弧形，不得有急弯且弯曲角度不应小于90°。

相关图片见图2.12-2～图2.12-7。

图 2.12-2 金属栏杆及其埋件与引下线
应直接可靠焊接并防腐

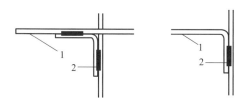

图 2.12-3 引下线（接闪导线）
在弯曲处焊接要求
1—钢管；2—焊接（宽度不小于6倍直径）

图 2.12-4 不锈钢栏杆与接地点抱箍连接

图 2.12-5 不锈钢栏杆兼做接闪带，抱箍连接

图 2.12-6 栏杆转角为直角弯时的过渡做法

2.12.5 实例或示意图

实例或示意图见图2.12-8。

图 2.12-7　护栏兼做接闪带伸缩缝处跨接　　　　　图 2.12-8　屋面栏杆实例

2.13　屋面爬梯

2.13.1　适用范围

适用于屋面构筑物检修，上人屋面至机房屋面通道检修，金属爬梯及防雷接地接闪安装。

2.13.2　质量要求

（1）安装及焊接牢固可靠；构件表面平整、光滑、无毛刺；踏步距地高度符合要求，安全防护到位。

（2）金属爬梯应与女儿墙处的接闪器（带）可靠连接。

（3）屋面设备的金属爬梯应与接闪器（带）可靠连接。

2.13.3　工艺流程

定位、放线→安装预埋件→固定钢梯→安装滑动段→防腐处理→饰面→金属爬梯与接闪器（带）进行有效焊接→标识。

2.13.4　精品要点

1. 屋面爬梯安装

（1）测量现场尺寸，绘制加工图，弹线定位，进行现场放样。制作并安装预埋件，预埋件间距不大于 1200mm。

（2）钢制爬梯上部固定端竖向钢管宜为 $\phi50$ 钢管，滑动端竖向钢管宜为 $\phi50$ 钢管，脚踏钢管不宜小于 40mm×40mm。以保证滑动顺畅为宜。

（3）所有切割面均应设橡胶垫进行保护，滑动部分爬梯下部应加设 20mm 厚橡胶垫进行保护，以免损伤屋面面层。

（4）钢梯安装采用满焊连接，焊缝应饱满平整。

（5）爬梯固定段上部应有防倾覆保护圈，第一道保护圈距地面的高度应不大于 3m。

（6）在已固定段钢梯立臂上钻孔，钻孔时应保证在滑动段钢梯上移后钢梯起始档高度不小于 2000mm，采用销栓或锁具不少于 2 处，固定可滑动部分，也可采用封板门保护。

（7）爬梯安装完成后，进行防腐及饰面处理。

屋面爬梯做法示意图见图 2.13-1。

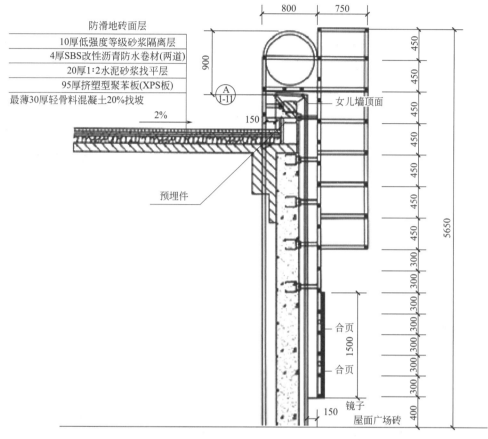

防滑地砖面层
10厚低强度等级砂浆隔离层
4厚SBS改性沥青防水卷材(两道)
20厚1:2水泥砂浆找平层
95厚挤塑型聚苯板(XPS板)
最薄30厚轻骨料混凝土20%找坡

女儿墙顶面

预埋件

合页

合页

镜子
屋面广场砖

图 2.13-1 屋面爬梯做法示意图

2. 防雷引下线及接闪器

当爬梯在女儿墙上与接闪器（带）交叉时，接闪器（带）应绕到女儿墙下方通过，以防止上下人员绊脚，发生危险。相关内容见图 2.13-2～图 2.13-5。

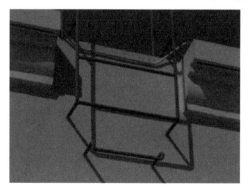

图 2.13-2 金属爬梯与接闪带交叉做法

(a)　　　　　　(b)

图 2.13-3 金属爬梯与独立接闪杆、
屋面接闪带防雷卡接

(a)

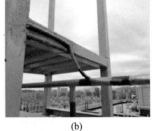

(b)

图 2.13-4 屋面设备冷却塔金属
爬梯与接闪带可靠连接

图 2.13-5 金属爬梯与
接闪带有效焊接

2.13.5 实例或示意图

实例或示意图见图 2.13-6。

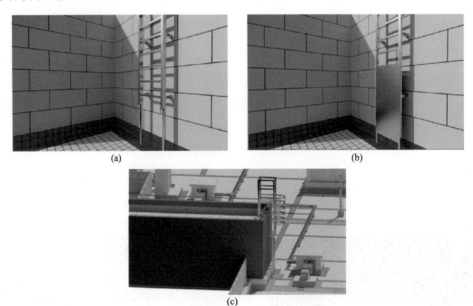

(a)

(b)

(c)

图 2.13-6 屋面爬梯

2.14 细石混凝土屋面

2.14.1 适用范围

适用于细石混凝土保护层的倒置式屋面。

2.14.2　质量要求

1. 找坡层和找平层

（1）突出屋面的管道、支架等根部，应用细石混凝土堵实和固定。

（2）找坡应按屋面排水方向和设计坡度要求进行，找坡材料应分层铺设和适当压实，表面应平整。

（3）对不易与找平层结合的基层应做界面处理。

（4）找平层应抹平、压光，不得有酥松、起砂、起皮现象。

（5）卷材防水层的基层与突出屋面结构的交接处，以及基层的转角处，找平层应做成圆弧形，且整齐平顺。

（6）找坡层表面平整度允许偏差不大于 7mm，找平层表面平整度允许偏差不大于 5mm。

2. 防水层

（1）倒置式屋面防水层应选用耐腐蚀、耐霉烂、适应基层变形能力的防水材料。

（2）防水层基层应坚实、干净、平整，无孔隙、起砂和裂缝。

（3）喷涂或涂刷基层处理剂前，应先对屋面细部进行涂刷。喷涂基层处理剂应均匀一致。

（4）铺贴顺序和方向：卷材防水施工时，应先进行细部构造处理，然后由屋面最低标高向上铺贴；檐沟、天沟卷材宜顺檐沟、天沟方向铺贴，搭接缝应顺流水方向；卷材宜平行于屋脊铺贴，上下层卷材不得相互垂直铺贴。

（5）卷材搭接缝：平行屋脊的搭接缝应顺流水方向，搭接缝宽度应符合国家规范要求；同一层相邻两幅卷材短边搭接缝错开不应小于 500mm；上下层卷材长边搭接缝应错开，且不应小于幅宽的 1/3；搭接缝应粘结或焊接牢固，密封应严密，不得扭曲、皱褶、翘边。

（6）卷材防水层的收头应与基层粘结，钉压应牢固，密封应严密。

（7）防水层不得有渗漏和积水现象。

3. 保温层

（1）保温层应选用表观密度小、压缩强度大、导热系数小、吸水率低且长期浸水不变质的保温材料。

（2）倒置式屋面保温层施工前应先进行淋水或蓄水试验。

（3）板状保温层的铺设应平稳，相邻板块应错缝拼接，分层铺设的板块上下层接缝应相互错开，板间缝隙应采用同类材料嵌填密实。粘结法施工时，保温板应贴严、粘牢。

（4）板状材料保温层厚度负偏差不大于 5%，且不得大于 4mm。

（5）檐沟、水落口部位应做好保温层排水处理。

4. 隔离层

（1）隔离层铺设不得有破损和漏铺现象。

（2）干铺塑料膜、土工布、卷材时，其搭接宽度不应小于 50mm，铺设应平整，不得有皱褶。

（3）低强度等级砂浆铺设时，表面应平整、压实，不得有起壳、起砂现象。

5. 保护层

（1）细石混凝土应振捣密实，不得有裂纹、脱皮、麻面、起砂等现象。

（2）细石混凝土表面应抹平压光，表面平整度允许偏差不大于5mm，排水坡度符合设计要求。

（3）细石混凝土的强度等级应符合设计要求。

（4）细石混凝土面层分格缝间距不应大于6m（建议控制在4m以内），分格缝的宽度宜为10～20mm，与女儿墙和山墙之间分格缝宽度为30mm。

（5）分格缝密封材料嵌填应密实、连续、饱满，粘结牢固，不得有气泡、开裂和脱落等缺陷。

2.14.3 工艺流程

1. 找坡层

综合策划→基层处理→抄测标高、设置控制线→设置标高墩→找坡材料分层铺设、压实→检查清理。

2. 找平层

基层处理→抄测标高、设置控制线→设置灰饼→找平层施工→两遍压光→覆盖养护→检查清理。

3. 防水层

基层处理→细部涂刷基层处理剂→喷涂基层处理剂→附加防水层施工→定位弹线试铺→防水层施工→收头处理→节点密封→淋水、蓄水试验→检查清理。

4. 保温层

综合策划→基层处理→抄测标高、设置控制线→保温层铺设→整平→填补板缝→检查清理。

5. 保护层

1）后切缝细石混凝土保护层

基层处理→抄测标高、设置控制线→设置灰饼→浇筑细石混凝土（压入钢筋网片）→两遍压光→覆盖养护→弹线→切缝→覆盖养护→清缝→嵌缝→检查清理。

2）分仓浇筑细石混凝土保护层

基层处理→抄测标高、设置控制线→设置分格缝（分仓镶边瓷砖镶贴）→设置灰饼→分仓浇筑细石混凝土（压入钢筋网片）→两遍压光→覆盖养护→清缝→嵌缝→检查清理。

3）压模细石混凝土保护层

基层处理→抄测标高、设置控制线→设置分格缝→设置灰饼→分仓浇筑细石混凝土（压入钢筋网片）→（初凝）撒彩色强化混合材料两遍、均匀抹平收光→撒脱模粉→压模→覆盖养护→混凝土终凝后清洗隔离剂→刷强化剂→清缝→嵌缝→检查清理。

2.14.4 精品要点

1. 屋面深化设计、综合策划

应用BIM技术对屋面进行整体排版策划，分水线、保温板、屋面管道、设备、避雷系统需二次设计，结合土建综合布局。

2. 细石混凝土保护层

（1）为解决细石混凝土裂缝、空鼓问题，建议掺加抗裂纤维。

（2）屋面排水组织明晰，汇水面划分合理，坡度符合设计要求，排水通畅，无倒坡、无积水现象。

（3）细石混凝土表面光滑平整无抹痕，色泽一致无色差。

（4）压模混凝土面层压纹深度一致，图形美观自然、色彩真实持久。

3. 分格缝设置

（1）分格缝施工时应根据屋面实际尺寸、排水方向、屋面突出物等因素整体策划，确定分格缝位置（图2.14-1、图2.14-2）。屋面分格缝与女儿墙分格缝对缝。

（2）若有天沟，根据天沟分块设置分格缝，建议距天沟200mm处设置第一条分格缝，剩余部分均分。

（3）分格缝纵横间距建议不大于4m。分格缝应顺直，宽度均匀一致。

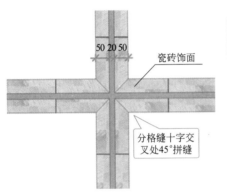

图2.14-1 分格缝做法

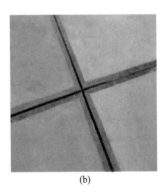

(a)　　　　　　(b)

图2.14-2 分仓法分格缝做法效果

4. 嵌缝

（1）分格缝采用弹性密封材料嵌缝（采用沥青玛蹄脂或中性硅酮密封胶），底部塞入聚苯乙烯泡沫塑料棒，上部用密封材料嵌填（图2.14-3）。

（2）嵌缝高度低于面层1~2mm，表面呈凹弧形，凹弧底部低于顶部1mm，并根据季节做相应调整，气温较低时嵌缝高度适当降低。嵌缝应平整光滑、深浅一致，缝边应顺直、干净，不得有起皱、脱皮、开裂、下塌现象（图2.14-4）。

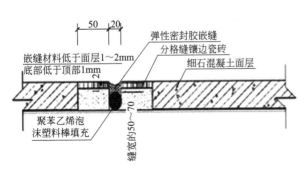

图2.14-3 嵌缝做法　　　　　　图2.14-4 嵌缝效果

5. 泛水面处理

（1）屋面柱、女儿墙、风道及其他出屋面构筑物的根部均做圆弧面，圆弧面应顺直，弧度一致，表面收光或涂刷外墙乳胶漆（图 2.14-5、图 2.14-6）。

（2）面层不得有空鼓、开裂、脱皮、麻面、起砂等缺陷。

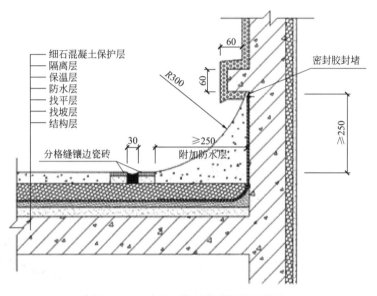

图 2.14-5　出屋面构筑物根部圆弧做法

6. 设备基础（图 2.14-7）

（1）出屋面设备基础泛水高度不小于 250mm。

（2）基层平整、尺寸准确、线条清晰、阳角方正、顺直。

（3）基础根部周边设置 20mm 宽分格缝，并嵌缝。

（4）面层无色差、无空鼓、开裂；饰面砖面层粘结牢固、角缝均匀顺直。

图 2.14-6　出屋面构筑物根部圆弧效果　　　　图 2.14-7　设备基础效果

7. 水落口（图 2.14-8、图 2.14-9）

（1）水落口周边 500mm 范围内坡度不小于 5％，排水通畅、美观协调。

（2）水落口周边建议采用瓷砖镶贴方式处理，保证质量、提高观感。

（3）横排式水落口水箅子应安装牢固，且能够拆装、便于检修，建议四周做槽形框喇叭口，将水箅子插入水落口内。

（4）水落口处防水层下应增设附加层，防水层和附加层伸入水落口内不应小于50mm，并应粘结牢固。

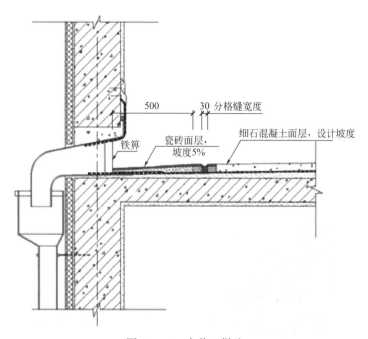

图 2.14-8　水落口做法

图 2.14-9　水落口效果

8. 屋面排气孔

（1）排气孔宜设置于分格缝纵向、横向交点中心位置，且成排成线（图 2.14-10、图 2.14-11）。

（2）采用暗埋式排气孔，高度一致。

（3）找坡层内预埋 ϕ50PVC 排气管，间距 300mm 打孔；排气立管采用 ϕ51 不锈钢钢管与底部排气管连接，并做水泥墩固定。

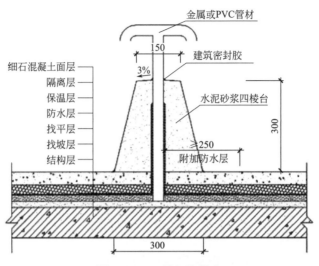

图 2.14-10　排气孔做法

图 2.14-11　排气孔成排成线

（4）排气孔应畅通且安装牢固，缝隙密封处理到位，外观造型协调一致，实用美观。

2.14.5　实例或示意图

实例或示意图见图 2.14-12～图 2.14-14。

图 2.14-12　后切缝细石混凝土屋面效果

图 2.14-13　分仓法细石混凝土面层效果

(a)   (b)

图 2.14-14 压模细石混凝土面层效果

2.15 种植屋面

2.15.1 适用范围

适用于简单种植屋面和花园式种植屋面。

2.15.2 质量要求

1. 基本要求

（1）种植屋面防水层应满足Ⅰ级防水等级设防要求，设置不少于两道防水层，且必须至少设置一道具有耐根穿刺性能的防水层。耐根穿刺性能的防水层应为迎水面第一道防水层。

（2）平屋面最小排水坡度为2%，檐沟、天沟坡度不应小于1%。

（3）防水材料、排（蓄）水板、绝热材料和种植土等需抽样复验，并出具检验报告，非本地植物应提供病虫害检疫报告。

（4）屋面坡度大于50%时，不宜做种植屋面；屋面坡度大于20%时，需设置防滑措施。

2. 基层处理

（1）种植屋面上的反梁、树坑、排水沟、花池侧壁等构件，在安装模板时采用止水螺栓。

（2）种植屋面上的预留孔洞、穿越楼板的电气及给水排水管道、埋件等，都应在浇筑混凝土前预留预埋，不得在结构和防水层施工完毕后再打洞凿槽。

3. 保温层

保温板基层应平整、干燥和洁净，应紧贴基层并铺平垫稳，铺设保温板接缝应相互错开，并用同类材料嵌填密实，粘贴保温板时，胶粘剂应与保温板的材性相容。

4. 防水层

（1）种植屋面用防水卷材长边搭接不小于100mm，短边搭接不小于150mm，卷材收头部位采用金属压条钉压固定并使用密封材料封严。

51

（2）塑性及弹性改性沥青防水卷材厚度应不小于4.0mm，聚氯乙烯、热塑性聚烯烃及高密度聚乙烯土工膜及三元乙丙橡胶防水卷材厚度应不小于1.2mm。

（3）铺贴卷材应平整顺直、不得扭曲。基层处理剂应涂刷均匀，粘贴卷材时应排除卷材下面的空气，辊压粘贴；施工完成后进行蓄水或淋水试验，蓄水试验应大于48h，淋水试验大于2h。

（4）耐根穿刺防水层应具有耐霉菌腐蚀性能，改性沥青类耐根穿刺防水材料应含有化学阻根剂。

（5）屋面坡度大于3%时，不得空铺。防水卷材施工时，防水层的基层应干燥、洁净，阴阳角进行抹圆弧处理。

防水层施工前，应在阴阳角、水落口、突出屋面管根部、泛水、天沟、檐沟、变形缝等细部构造部位设置防水附加层，材料应与大面积防水层的材料同质或相容（图2.15-1）。

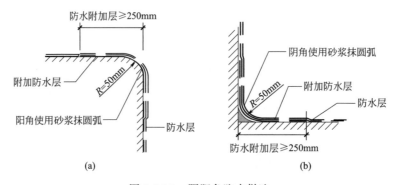

图2.15-1　阴阳角防水做法

5. 疏水存水层

（1）排（蓄）水层应与排水系统连通；排（蓄）水层施工前应根据屋面坡向确定整体排水方向，排（蓄）水层应铺设至排水沟边缘或水落口周边，搭接宽度不应小于100mm。

（2）排水层采用网状交织或块状塑料排水板时，接茬应对接整齐；排水层采用卵石、陶粒等材料铺设时，粒径应大小均匀，铺设厚度应符合设计要求。级配碎石的粒径宜为10～25mm，卵石的粒径宜为25～40mm，铺设厚度均不宜小于100mm，陶粒的粒径宜为10～25mm，堆积密度不宜大于500kg/m³，铺设厚度不宜小于100mm。

（3）无纺布过滤层，过滤材料选用聚酯无纺布，单位面积质量不小于200g，空铺于排（蓄）水层之上，铺设应平整、无褶皱；搭接可粘合或缝合固定，搭接宽度不应小于150mm；边缘沿种植挡墙上翻时应与种植土高度一致。

6. 种植土

种植土不得集中码放，应及时摊平铺设，平整度和坡度应符合竖向设计要求，种植土应具备质量轻、养分适度、清洁无毒和安全环保等特性。

7. 植被层

（1）乔木、地被植物的栽植宜根据植物的习性在冬季休眠期或春季萌芽期之前进行，常绿树栽植时土球宜高出地面50mm，乔木、灌木种植深度应与原种植线持平，易生不定根的树种种植深度宜为 50~100mm。

（2）种植深度应为原苗种植深度，并保持根系完整，茎叶和根系无损伤；高矮不同的品种混植时，应按先高后矮的顺序种植。

2.15.3　工艺流程

基层→保温隔热层→找平（坡）层→普通防水层→蓄水、淋水试验→耐根穿刺防水层→混凝土垫层→排（蓄）水和过滤层→电气和灌溉系统→园林小品→种植土层→植被层→环境清理、细部修正。

2.15.4　精品要点

（1）种植屋面造型较为复杂，施工前需进行详细策划，屋面花坛、架空步道（图2.15-2）、园林小品、排水坡向、天沟、管道、避雷等进行二次设计，综合考虑，制造亮点。

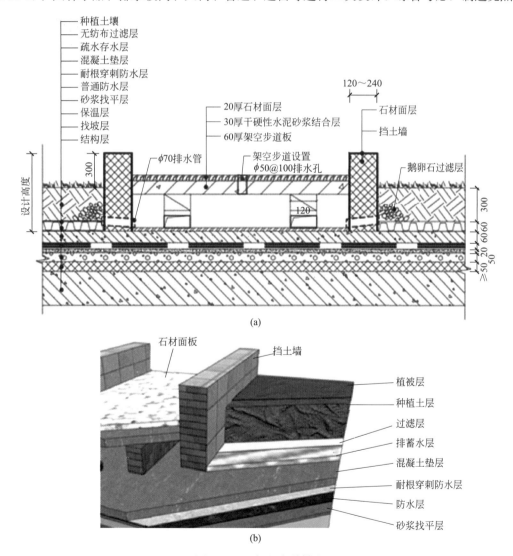

图 2.15-2　架空步道做法

（2）种植土层排水管应间隔均匀，封圈进行打胶处理；步道设置的排水孔可采用石材定制加工（图 2.15-3、图 2.15-4）。

（3）找坡层找坡准确，厚度符合设计及规范要求，保温层错开铺设，相邻板边高度一致，拼缝严密。

（4）出屋面排气管道、排烟井防水收口应高于种植土面 250mm 以上，可采用瓷砖或石材饰面，协调美观（图 2.15-5、图 2.15-6）。

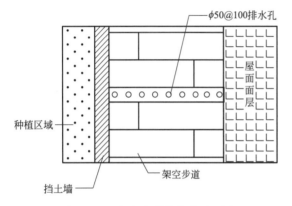

图 2.15-3　架空步道排水孔平面图

图 2.15-4　架空步道排水孔效果

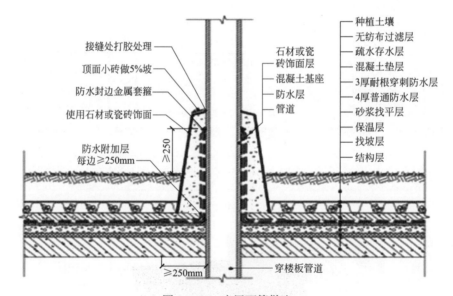

图 2.15-5　出屋面管做法

（5）钢筋网片采用焊接成品，其位置在细石混凝土垫层内居中偏上，保护层要求不小于 10mm，混凝土垫层应振捣密实，分三遍进行抹平压光，混凝土养护措施到位，表面无裂缝、起皮、起砂。

（6）排雨水口安装斗座时，四周使用细石混凝土固定，并附加防水层，将防水卷材伸入承口并填满防水密封膏。安装底座时四周使用防水密封膏密封，内排雨水口周围 500mm 范围内排水坡度不小于 5%（图 2.15-7～图 2.15-9）。

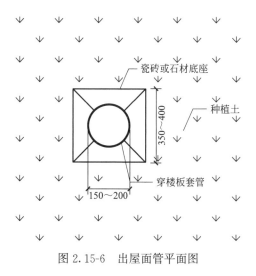

图 2.15-6 出屋面管平面图

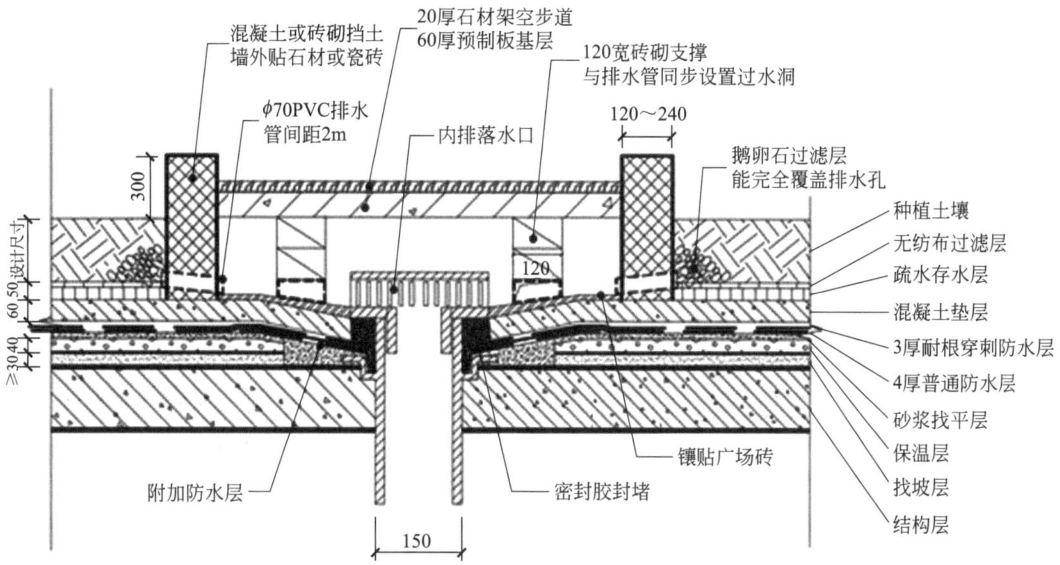

图 2.15-7 内排水做法

（7）防水层应先铺贴普通防水层再铺贴耐根穿刺防水层，铺贴耐根穿刺防水层时两道防水的纵向接槎错开 1/2 布幅，卷材端部接槎错开不小于 1000mm。

（8）种植土下面设置防止植物根系穿刺的配筋混凝土垫层作为主要保护层，垫层应无裂缝，配筋使用 $\phi6@200$ 钢筋网片，保护层厚度严格控制在 15mm。浇筑时振捣均匀，浇筑完成后覆盖薄膜及毡毯浇水养护。

（9）种植土与女儿墙之间应使用挡土墙或挡土板设置距离大于 300mm 宽缓冲带，缓冲带可设置架空步道或填充与种植土等高的鹅卵石，女儿墙顶面应做向内排水，坡度不小于 5%。

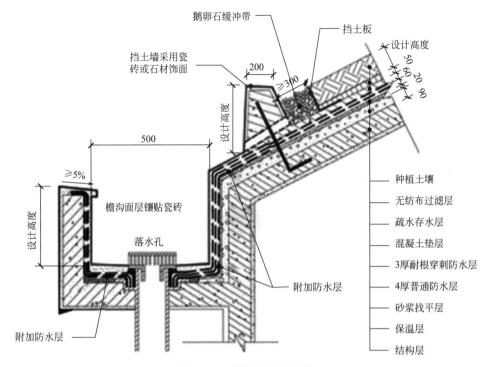

图 2.15-8　坡屋面排水做法

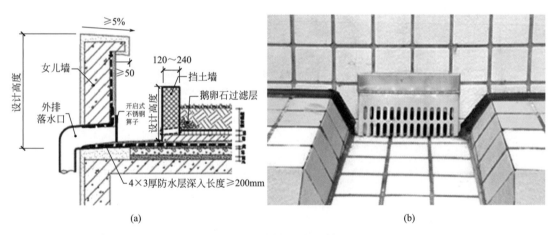

图 2.15-9　外排雨水口做法

（10）伸缩缝两侧应设置缓冲带，使用鹅卵石填充时宽度应大于 300mm，设置架空步道时宽度应大于 500mm，伸缩缝需高于缓冲带 250mm 以上，伸缩缝盖板可采用火烧面石材板，提升观感，更好地与种植环境融合（图 2.15-10）。

（11）挡土墙排水管直径应不小于 75mm，采用 PVC 管，并在内外两侧加设封圈，使用密封胶粘牢。内侧设置鹅卵石或陶粒等过滤层时，需完全覆盖排水出口，每边超过排水管不少于 100mm 或遵循设计尺寸（图 2.15-11、图 2.15-12）。

（12）草坪块、草坪卷铺设周边应平直整齐，高度一致，并与种植土紧密衔接，不留

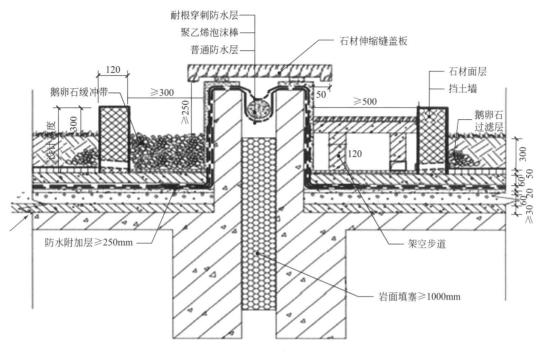

图 2.15-10 伸缩缝做法

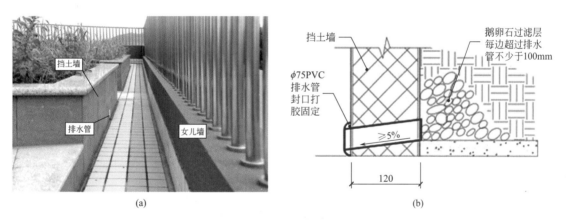

(a)   (b)

图 2.15-11 挡土墙排水管做法

空隙，铺设后应及时浇水，保持土壤湿润。

（13）地下建筑顶板种植土与周边地面相连时应设置排水沟，地下建筑顶板面积较大且排水困难时应设置排水沟，策划时尽量将检查井设置在种植区域，可将其设置为隐形检查井（图 2.15-13、图 2.15-14）。

2.15.5 实例或示意图

实例或示意图见图 2.15-15～图 2.15-18。

图 2.15-12 挡土墙排水管效果图

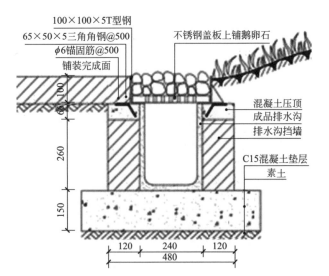

图 2.15-13 排水沟做法

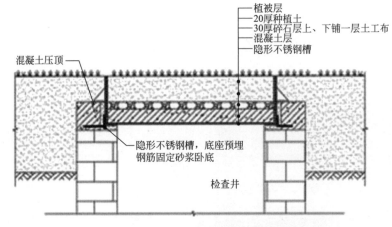

图 2.15-14 隐形检查井做法

图 2.15-15 平屋面种植构造做法

(a)　　　　　　　　　　　　　(b)

(c)　　　　　　　　　　　　　(d)

图 2.15-16　种植屋面完工效果

图 2.15-17　屋面管道

图 2.15-18　步道侧排水

2.16　玻璃采光顶

2.16.1　适用范围

适用于骨架为钢结构的网架式支撑体系的玻璃采光屋面施工。

2.16.2　质量要求

（1）尺寸、定位及标高准确，与相邻构筑物及防排烟设备连接合理美观，排布协调一致。

（2）造型外观满足设计要求、排布整齐、泛水坡度自然合理。造型边框封闭完整，无锐利棱角。

（3）可开启部位、数量、尺寸、角度等满足设计及防火排烟要求。联动装置构件健全，运行平稳无顿挫，整体协同一致。

（4）外露钢构件防火涂料及面层涂饰材料规格、厚度符合要求，涂饰均匀，附着牢固，不得有污染、起皱、剥落等缺陷。

（5）采光玻璃应采用夹层玻璃，玻璃的原片厚度、板块面积、单边边长等必须满足设计及规范要求。

（6）面层板材材质、规格、厚度符合设计及规范要求，安装顺直，缝隙均匀，不同材质分格统一、界面清晰，打胶平整美观。

（7）采光顶分格合理，采光性能良好，防火、防雷及保温性能必须满足建筑要求。

（8）采光顶防水、排水措施完好，无渗漏现象。根部衔接部位密闭完整。

（9）采光顶外露金属造型、金属面板等应就近与接闪器或引下线进行电气连接。

2.16.3　工艺流程

测量放线及结构检查→预埋件施工→钢骨架安装→避雷连接→防腐处理→防火涂料施工→角度调节钢板安装（如有）→铝合金底座安装→玻璃安装→密封胶打胶→开启扇安装（如有）→淋水试验→擦洗清理。

2.16.4　精品要点

1. 测量放线及结构检查

（1）根据基准轴线、标高线进行复核，确定无误后，定出安装基准线。根据基准线使用经纬仪辅助现场弹线并拉设定位钢丝，以此作为钢骨架安装的基准，从而保证骨架安装符合设计及规范要求。

（2）按照测量放线得到的结果对预埋件进行复核，对于不合格的埋件位置进行标记记录，采取后补的方法进行纠正。

2. 预埋件（图2.16-1）

（1）预埋件材质、规格型号、涂膜层厚度符合设计及规范要求。

（2）预埋件埋置固定牢固，埋板中间设透气孔便于混凝土浇筑密实。

（3）预埋件标高偏差不大于±10mm，位置与设计位置的偏差不大于±20mm。

3. 钢骨架安装

（1）钢骨架进场后，应先进行检查验收，再按设计和骨架翻样图，依次吊运就位，最后进行焊接固定。采光顶的骨架之间、连接钢件之间应进行单面满焊，焊缝高度、宽度应符合设计要求。二级以上焊缝应做焊接试验，并进行探伤试验。采光顶钢架焊好后应及时进行隐蔽工程验收并做好相关记录。

（2）主受力构件在焊接前要打坡口，坡口面应平顺，切开边缘不得有裂纹、钝边和缺棱（图2.16-2）。

（3）焊缝应满焊，不得有表面气孔、夹渣、弧坑裂纹、电弧擦伤等缺陷，防锈漆涂刷要到位（图2.16-3）。

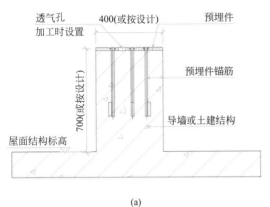

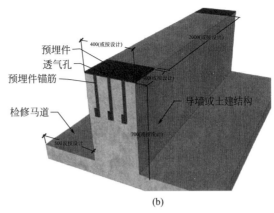

(a)   (b)

图 2.16-1 预埋件施工节点

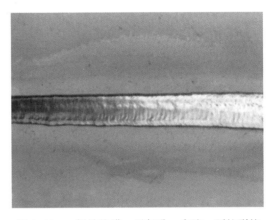

图 2.16-2 钢材坡口平顺   图 2.16-3 焊缝饱满，无气孔、夹渣、弧坑裂纹

4. 避雷连接

金属构架安装完后，应用导体连接成为导电通路，并与建筑物的防雷系统进行可靠连接。连接处的涂层应当去除，接触面材质不同时，还应采取措施防止电化学反应腐蚀构架材料。采光顶的上部有避雷网时，应按设计要求留出支撑件的安装位置，待玻璃安装完成后，安装顶面避雷网并与防雷系统进行可靠连接（图 2.16-4、图 2.16-5）。

5. 防腐处理

钢骨架焊好后，焊缝、型钢表面均应先进行除锈，钢基材要清理干净，防锈漆喷涂均匀。

根据设计要求防锈漆分层分次喷涂，喷涂厚度满足设计及规范要求。

6. 防火涂料施工

（1）采光顶钢骨架防腐处理完成后，钢骨架表面应喷涂防火涂料，防火涂料基层要处理合格，处理后的钢材表面不应有焊渣、焊疤、灰尘、油污、水和毛刺等。

（2）防火涂料在进场时，要有厂家出具的作业指导书，其中必须注明喷涂厚度及每道工序的喷涂最大厚度。

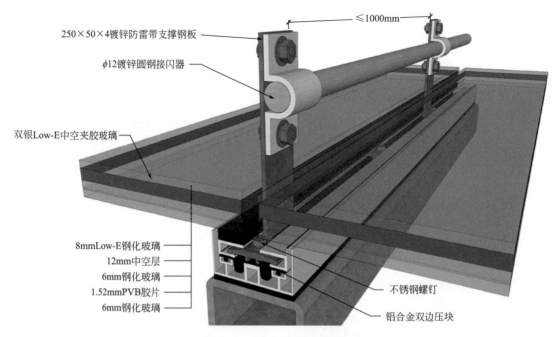

250×50×4镀锌防雷带支撑钢板

φ12镀锌圆钢接闪器

双银Low-E中空夹胶玻璃

8mmLow-E钢化玻璃
12mm中空层
6mm钢化玻璃
1.52mmPVB胶片
6mm钢化玻璃

不锈钢螺钉

铝合金双边压块

≤1000mm

图 2.16-4　采光顶避雷安装节点

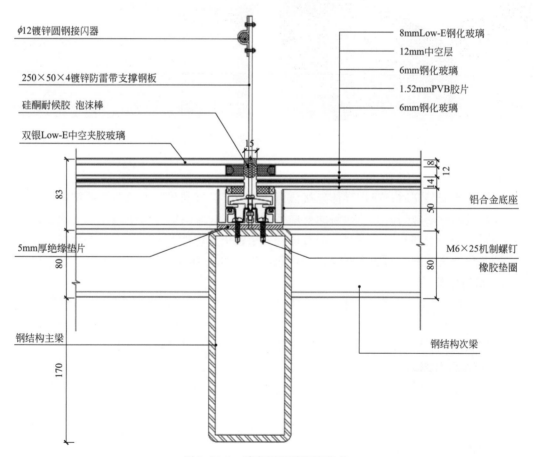

φ12镀锌圆钢接闪器

250×50×4镀锌防雷带支撑钢板

硅酮耐候胶　泡沫棒

双银Low-E中空夹胶玻璃

5mm厚绝缘垫片

钢结构主梁

8mmLow-E钢化玻璃
12mm中空层
6mm钢化玻璃
1.52mmPVB胶片
6mm钢化玻璃

铝合金底座

M6×25机制螺钉
橡胶垫圈

钢结构次梁

图 2.16-5　采光顶避雷连接节点

（3）喷涂要均匀到位，厚度应符合设计要求，涂层较厚时应分多遍喷涂完成。

（4）出现因单次喷涂量大而导致流坠的现象时，要及时放慢喷涂速度，避免因附着不足而导致出现质量问题。

7. 铝合金底座安装

铝合金底座与钢骨架之间，应设置 5mm 厚防腐垫片。锚固钉间距不得大于 300mm，且应左右两侧呈"之"字形分布（图 2.16-6）。在底座安装时，要确保纵横方向拼接密实，导水槽部位要贯通设置。铝合金底座安装完成后，在压接一体化防水胶条时，要压接牢靠、连贯，非底座拼接部位不得断开。

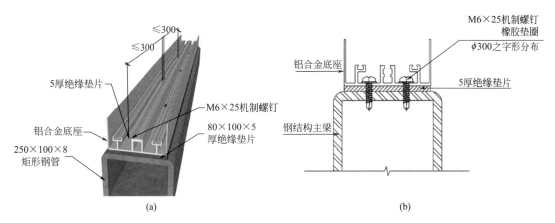

(a) (b)

图 2.16-6 铝合金底座与钢架之间设置 5mm 厚垫片，锚固钉间距不大于 300mm

8. 玻璃安装（图 2.16-7、图 2.16-8）

（1）玻璃采光顶单块玻璃面板面积应不大于 $2.5m^2$，长边边长不宜大于 2m。采光顶使用的玻璃室内面要使用夹胶玻璃，以防玻璃破裂坠落伤人。夹胶玻璃应采用聚乙烯醇缩丁醛（PVB）胶片干法加工合成，胶片厚度不应小于 0.76mm。

（2）由于采光顶部位一般位于建筑顶端，热干扰和室内空气压力会在采光顶玻璃部位集中。因此，室内一侧玻璃厚度要在满足结构计算的前提下加厚使用，单层玻璃厚度不应小于 6.0mm。

（3）为确保工程质量，玻璃入场前必须提供合格证、检验报告，并进行现场检测。钢化玻璃表面不得有损伤，所有玻璃均应进行精磨边和均质处理。

（4）玻璃的品种、规格、颜色、光学性能及安装方向应符合设计要求。

（5）玻璃板块组件固定点距离应符合设计要求且不大于 300mm。

（6）玻璃板块下部钢结构龙骨应设置垫块及附框。玻璃附框与钢骨架之间，设置 U 形铝合金型材底座，配合使用 W 形一体化防水胶条，防止因胶口开裂而导致渗漏（图 2.16-9）。

（7）玻璃板块平面度允许偏差不大于 2.5mm，相邻两玻璃之间的接缝高低差不大于 1mm。玻璃板块拼缝横平竖直，缝宽均匀。

（8）玻璃采光顶应采取合理的排水措施，排水坡度宜不小于 3%，在自重及承载力引起玻璃面板挠度变形时，玻璃表面不应积水。大型玻璃采光顶应设置有组织排水及防止发生过量积水的措施。

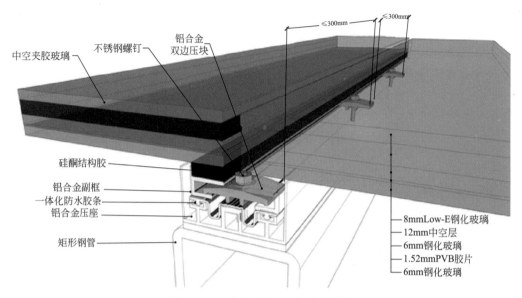

图 2.16-7　玻璃面层及压板安装节点

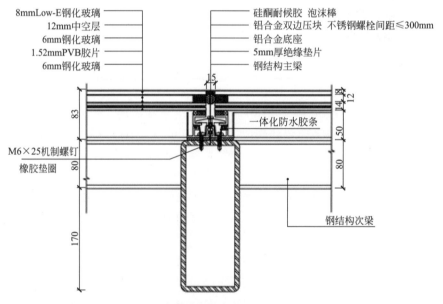

图 2.16-8　玻璃压板固定点间距不大于 300mm

（9）玻璃采光顶用于严寒地区时，宜采取除雪措施。用于高湿场合时，应考虑防腐措施，室内侧应有冷凝水收集引流装置。

9. 密封胶打胶

（1）玻璃采光顶的接缝用密封胶应符合《幕墙玻璃接缝用密封胶》JC/T 882—2001 规定的中性硅酮建筑密封胶的要求，且位移能力应满足工程接缝的变形要求。

（2）为确保硅酮耐候胶具有良好的粘结密封性能，基材表面要清理干净，不能有水分、灰尘、油污等物，保持干燥洁净。

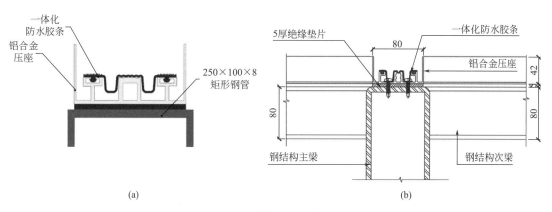

(a)   (b)

图 2.16-9　玻璃附框及防水胶条设置节点

（3）密封胶应为耐候密封胶，做相容性、粘结性试验，粘结牢固、严密、连续，宽度厚度满足设计要求。

（4）密封胶缝两侧应线条美观、洁净无污染，可沿缝隙两侧粘贴美文纸胶带进行保护（胶带本身应粘贴平直）。

（5）选用大于板缝 2mm 的聚乙烯泡沫棒填充板缝，泡沫棒密度不大于 $37kg/m^3$，置入深度距板面不小于 6mm，填塞深度要均匀，平整顺直（图 2.16-10）。

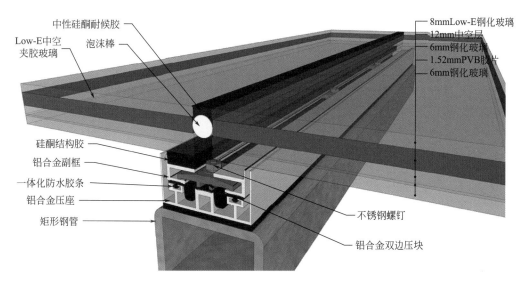

图 2.16-10　泡沫棒填塞深度均匀，胶缝平整顺直

（6）嵌缝胶选用专用的硅酮耐候密封胶，注胶温度应在 5～40℃ 范围内进行，注胶应连续，应均匀、密实、饱满，胶缝表面应光滑，胶体不得产生气泡，打胶层厚度一般为缝宽的 1/2，且不小于 3.5mm。

（7）打完胶后要在表层固化前用刮板将胶缝略微刮为凹缝，胶面要光滑、圆润，不能有流坠、褶皱现象。胶缝修整完毕后应立即将两侧美纹纸撕掉。"十字"胶缝应一次性将一道胶缝打完，在另一条胶缝打胶时，将十字交叉部位细部处理完整，否则容易出现纵横胶缝压接错台。

10. 开启扇安装（如有）

（1）开启扇应固定牢固，附件齐全，安装位置正确。

（2）窗框固定螺钉的间距不大于300mm，与端部距离不大于180mm。

（3）窗扇关闭应严密，开启间隙均匀。开启扇密封胶条应连续无缺损。

（4）开启扇关闭严密，侧向开启扇应设披水板，披水板与铝板连接处缝隙打密封胶，有效防止雨水直接冲刷（图2.16-11）。

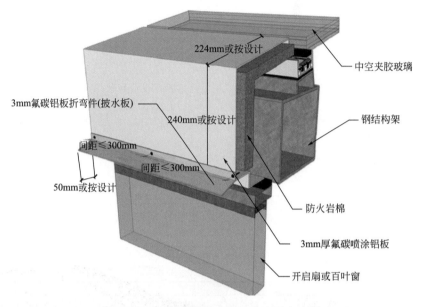

图2.16-11　侧向设披水板，防止雨水冲刷

11. 其他细部

（1）采光顶根部与结构连接处，应使用造型铝板护边，防止雨水直接冲刷结构。

（2）设置检修马道和检修窗，方便维修人员从屋面进入，对采光顶部位进行维修。

2.16.5　实例或示意图

实例或示意图见图2.16-12、图2.16-13。

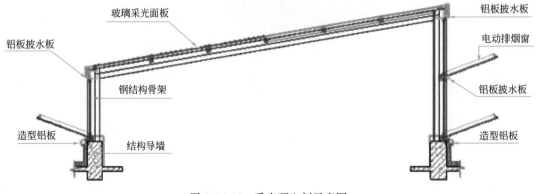

图2.16-12　采光顶立剖示意图

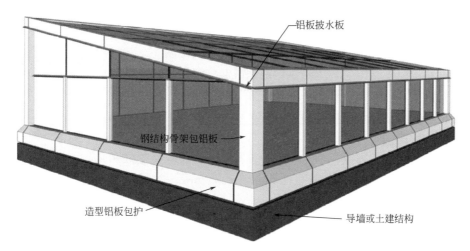

图 2.16-13 采光顶外观示意图

2.17 挂瓦坡屋面

2.17.1 适用范围

适用于挂瓦坡屋面施工（图 2.17-1）。

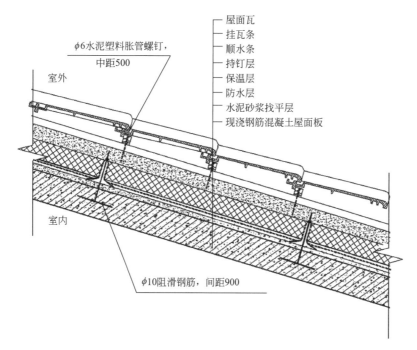

图 2.17-1 挂瓦坡屋面构造图

2.17.2 质量要求

（1）混凝土基层应观感良好，结构经淋水试验无渗漏。

（2）找平层应粘结牢固，无松动、起壳、起砂现象。挂瓦坡屋面泛水相交位置基层应均匀一致且找平层需做出半径50mm的光滑圆弧。

（3）涂膜防水层涂刷厚度均匀一致，不得有麻点、漏刷等缺陷，厚度满足设计及规范要求，不宜小于1.5mm。

（4）卷材防水层大面铺贴前，先进行挂瓦坡屋面泛水交接处阴角附加层的施工，附加层宽度不应小于500mm，平立面宽度不应小于250mm。卷材末端收头必须用硅酮密封膏封闭，封闭前需将卷材末端的灰尘等清理干净。

（5）屋面保温材料堆积密度、表现密度、导热系数以及板材强度、吸水率符合设计及规范要求，并经复试合格后方可使用。保温板应采用满粘法铺贴，铺贴时应紧贴基层、铺平垫稳，铺设时上下层接缝错开，拼缝严密，板间缝隙应采用同类型材料嵌填密实，粘贴时应贴严粘牢。整体保温层表面平整度用2m靠尺和楔形塞尺检查，平整度偏差不得超过5mm。

（6）屋面瓦的强度、吸水率等材料性能符合设计及规范要求，挂瓦条应分档均匀，铺钉平整、牢固。瓦面行列整齐，搭接紧密，檐口平直。脊瓦应搭盖正确，间距均匀，封固严密且顺直，无起伏现象。

（7）避雷应平直、牢固，不应有高低起伏和弯曲现象，与建筑物的距离应一致，避雷带（网）与引下线搭接长度满足规范要求，焊接质量满足要求。遇有变形缝应采取掫弯补偿措施。

2.17.3 工艺流程

定位放线→阻滑钢筋安装→屋面结构混凝土浇筑→混凝土养护→基层找平及细部处理→防水层施工→保温层施工→细石混凝土持钉层施工→挂瓦条、顺水条施工→屋面瓦安装→接闪器及避雷带安装。

2.17.4 精品要点

1. 基层施工

（1）混凝土坡屋面在浇筑混凝土前应预留预埋阻滑钢筋以固定挂瓦条，预埋阻滑钢筋的纵横向间距宜为900mm，第一道阻滑钢筋距屋脊及檐口位置不宜大于200mm。施工前应进行屋面瓦排版，根据排版情况测量放线并预留预埋钢筋头及相关避雷构件（图2.17-2、图2.17-3）。

（2）混凝土屋面结构宜采用双面支模工艺，加强振捣，严格控制混凝土坍落度，拆模后应进行淋水试验，保证屋面混凝土自防水性能。

（3）屋面天沟、泛水等部位宜采用水泥砂浆进行找平处理，达到涂刷防水基层要求。

2. 挂瓦坡屋面防水层施工

（1）防水层的基层应清理彻底，表面残留灰浆硬块及凸出部分应刮平并扫净。

（2）对管根、檐沟等不易清扫的部位，应用毛刷将灰尘清除，如有坑洼不平处或阴阳

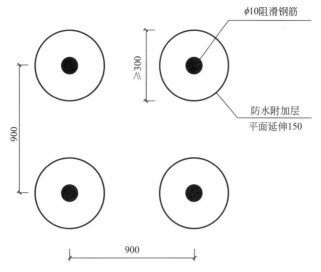

图 2.17-2 阻滑钢筋平面大样图

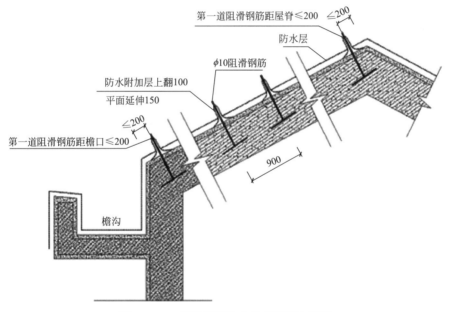

图 2.17-3 阻滑钢筋防水处理平面大样图

角未抹成圆弧处,应将其修补处理完成后方可进行防水层施工。

（3）防水层施工时,基层表面含水率不得高于10%。不应在阴雨天进行防水施工,施工后4h内避免雨淋,施工温度应在5℃以上。

（4）防水涂料施工时,防水涂料应涂刷2～3遍,等到第一遍涂料表面凝固后才可涂刷下一遍,涂刷要横竖交叉进行。如果涂层有特殊要求,可考虑增加面层的涂刷遍数。对于管根、阴角等局部薄弱部位,宜通过设置增强涂布等方法进行防水技术处理。

（5）檐口部位应增设防水附加层。严寒地区或大风区域,应采用自粘聚合物沥青防水垫层加强。

（6）泛水板应铺设在防水附加层上，并伸入檐口内。

（7）天沟处找坡及细部节点必须严格执行国家强制性标准，天沟雨水斗 500mm 范围内排水坡度必须达到 5%。

3. 挂瓦坡屋面保温层施工

（1）对屋面防水处理完成后，进行保温板铺设，保温板应采用粘结砂浆满粘。

（2）铺设时按从远至近、从下到上的顺序铺贴，紧贴基层铺设，铺平垫稳，找坡正确，与防水层不得架空，拼缝应严密且错缝铺设，接缝紧密。

4. 挂瓦坡屋面瓦施工

（1）挂瓦条应安装平整、牢固，上棱应成一条直线，接头应在顺水条上且接头上下排之间要错开。木质挂瓦条应采用Ⅰ级或Ⅱ级木材，含水率不应大于 18%，并应做防腐、防蛀、防火处理。

（2）挂瓦应平整，搭接紧密，行列横平竖直，靠屋脊一排瓦应挂整瓦，檐口出檐尺寸一致，檐头平直整齐。安装屋面瓦主瓦，安装方向为从下往上安装，坡屋脊安装方向为从下往上安装，脊瓦与坡面瓦之间的缝隙采用聚合物水泥砂浆填实抹平，脊瓦在两坡面瓦上的搭盖宽度每边不应小于 40mm。正脊脊瓦外露搭接边宜顺常年风向一侧；每张屋脊瓦片的两侧各采用 1 个固定钉固定，固定钉距离侧边 25mm；外露的固定钉钉帽应用沥青胶涂盖。瓦屋面的屋脊处均应增设防水垫层附加层，附加层宽度不应小于 500mm。

（3）安装沟瓦时，采用水泥砂浆进行沟瓦固定，相互搭接不小于 100mm 进行控制，阴脊波形瓦应切缝、保持顺直（图 2.17-4）。

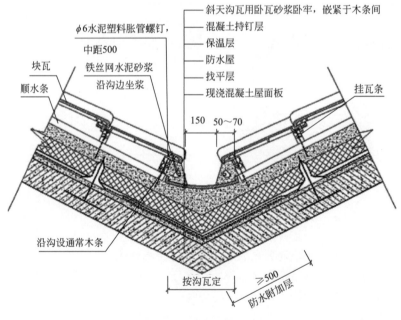

图 2.17-4 沟瓦铺贴示意图

（4）防水附加层完成后进行屋脊木龙骨安装，采用托木支架固定，支架应固定在两侧挂瓦条上。如屋脊上有避雷带支点，还应将避雷带支点钢筋梳理好。

（5）屋脊处应安装防雷接地钢筋，屋脊瓦安装时先在脊瓦上钻孔，再盖屋脊瓦

（图 2.17-5）。

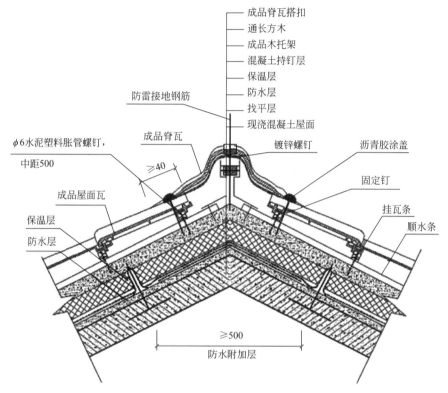

图 2.17-5 屋脊细部构造

5. 檐口及天沟节点施工

（1）现浇混凝土屋面板密实，表面平整，坡度符合设计要求。

（2）水落口与竖管承插口的连接处应用密封材料嵌填密实，水落口周围 500mm 范围做防水附加层，水落口杯与基层交接处应留宽 20mm、深 20mm 的凹槽，嵌填密封材料。

（3）天沟转角处应用密封材料涂封，每边宽度不少于 300mm，干燥后宜再铺设一层卷材附加层，铺设时从沟底开始，顺天沟方向铺贴。防水附加层应伸入落水口内 50mm，大面铺贴的卷材应伸入水落口内 100mm，并用密封材料封口。

（4）卷材防水屋面檐口 800mm 内满粘，卷材收头宜采用金属压条钉压，用密封材料封严，檐口下应做鹰嘴或滴水槽（图 2.17-6）。

（5）檐沟、天沟下设防水附加层，附加层上翻伸入斜屋面宽度不小于 500mm；天沟防水层伸入屋面宽度不小于 150mm，并与斜屋面防水层按顺水方向搭接。

6. 挂瓦坡屋面老虎窗节点施工

（1）挂瓦条应做防腐、防蛀、防潮、防火处理。

（2）脊瓦应搭接正确、间距均匀、封固严密、无起伏现象。

（3）老虎窗突出结构与瓦屋面交接处应做泛水处理，交接处做半径 100mm 圆弧，用卷材、涂料或密封材料等密封严密，确保顺直整齐，结合严密，无渗漏，平面搭接长度与立面防水长度均应满足 250mm 宽（图 2.17-7）。

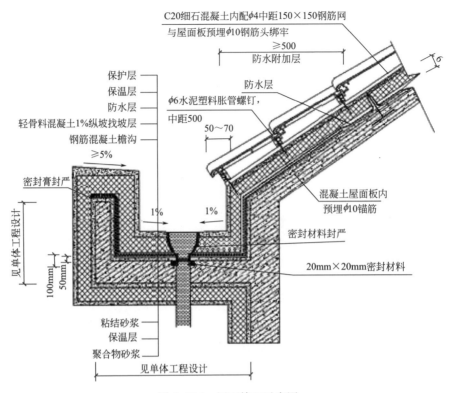

图 2.17-6 屋面檐口示意图

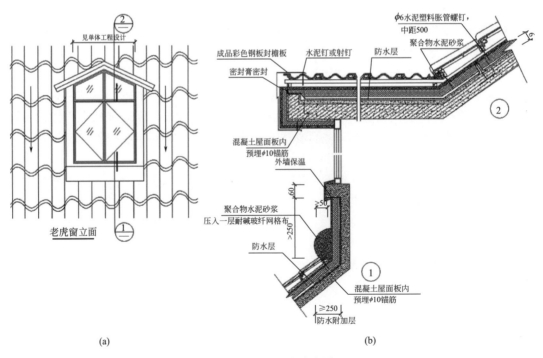

(a)   (b)

图 2.17-7 挂瓦坡屋面老虎窗详图（一）

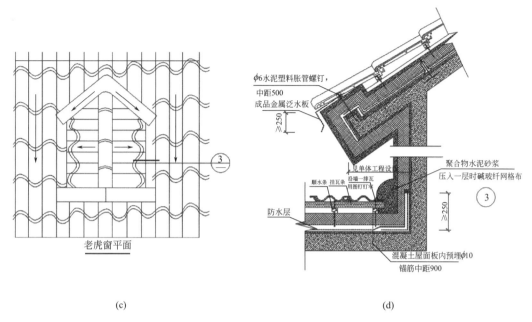

(c)　　　　　　　　　　　　　　　　(d)

图 2.17-7　挂瓦坡屋面老虎窗详图（二）

7. 挂瓦坡屋面泛水施工

（1）找平层应粘结牢固，无松动、起壳、起砂现象，应具有较高的强度和抗裂性，坡度应符合设计要求。

（2）挂瓦坡屋面泛水变形缝处的防水处理应采用具有足够适应变形能力的材料和构造措施，并应封闭严密。

（3）挂瓦坡屋面泛水位置宜采用自粘式成品卷材泛水，泛水与竖向墙体连接牢固，且与底层坡屋面的搭接长度不小于 250mm（图 2.17-8、图 2.17-9）。

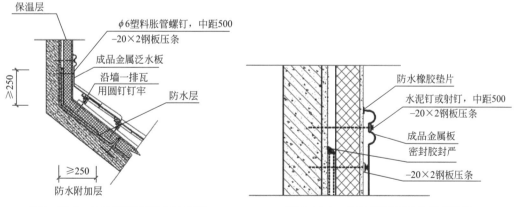

图 2.17-8　挂瓦坡屋面泛水示意图　　　　图 2.17-9　挂瓦坡屋面泛水节点详图

（4）当高跨屋面为无组织排水时，低跨屋面受雨水冲刷的部位应铺设一层整幅卷材，再铺设 300~500mm 宽的板材加强保护。

8. 挂瓦坡屋面管道出屋面施工（图 2.17-10）

（1）防水附加层及面层施工时防水卷材应包裹管道，最小包裹高度应超过屋面瓦完成面 250mm，端头部位使用镀锌铁丝缠紧固定。

（2）逆水坡方向防水加强层最小包裹高度应超过屋面瓦完成面 250mm，水平方向沿屋面瓦上表面满铺，宽度不小于 300mm，并使其压于上侧块瓦之下。

（3）顺水坡方向防水加强层最小包裹高度应超过屋面瓦完成面 250mm，水平方向沿屋面瓦上表面满铺，宽度不小于 150mm。

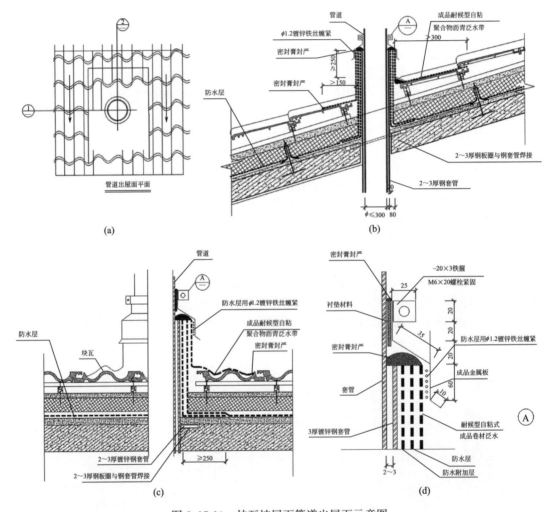

图 2.17-10　挂瓦坡屋面管道出屋面示意图

9. 挂瓦坡屋面变形缝施工

（1）变形缝内侧宜填充 A 级保温材料。

（2）使用成品金属盖缝板分别将变形缝上下两端进行封堵。

（3）防水附加层沿结构上翻至顶部，端头处用密封材料封严。下端铺贴长度应大于 250mm。

（4）在上端金属盖缝板上布置聚乙烯泡沫塑料棒，用防水层将其覆盖并确保连续不间断。

（5）变形缝顶部使用成品金属盖缝板覆盖，左右两侧使用直径 6mm 的塑料胀管螺钉，中距 500mm，使用防水橡胶垫片封严。盖板顶端凸起朝向迎水面，凸起宽度不小于 0.7 倍的缝宽（图 2.17-11）。

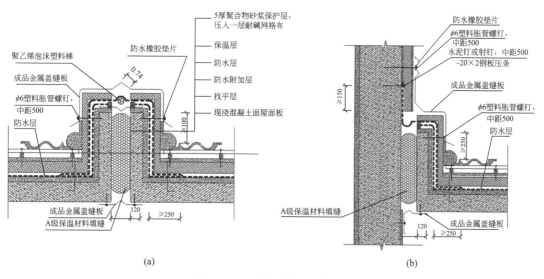

（a）

（b）

图 2.17-11 挂瓦坡屋面变形缝

10. 闪接器施工

（1）镀锌圆钢避雷带连接采用"Z"字形搭接，搭接长度为圆钢直径的 6 倍，上下搭接，引下线部位做好标识。

（2）避雷带在过女儿墙阳角以及伸缩缝位置设置"Ω"弯，伸缩补偿的半圆面垂直或平行于天面（图 2.17-12）。

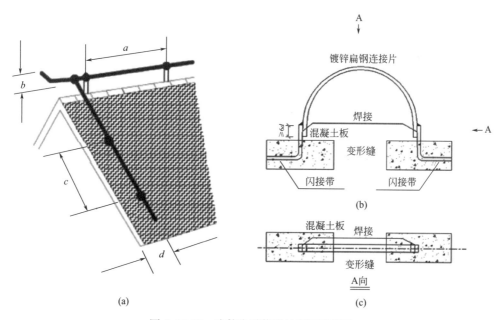

（a）

（b）

（c）

图 2.17-12 暗敷防雷装置过变形缝做法

（3）避雷带应顺直、高度一致，每2m检查段平直度偏差不得大于3/1000。

（4）建筑物屋顶上有突出物，如金属旗杆、透气管、金属天沟、铁栏杆、爬梯、冷却水塔、电视天线等，这些部位的金属导体都必须与避雷网焊接成一体。

（5）避雷带焊接的焊缝平整、饱满，无明显气孔、咬肉等缺陷，并做好防锈措施。

11. 屋面暗敷避雷带施工（图2.17-13、图2.17-14）

（1）所有金属部件必须镀锌，操作时注意保护镀锌层。

（2）采用镀锌圆钢做接闪杆保护，应高出所保护对象最高处1.0m。

（3）避雷针垂直安装牢固，垂直度允许偏差为3/1000。

（4）焊缝平整、饱满，无明显气孔、咬肉等缺陷，并做好防锈措施。

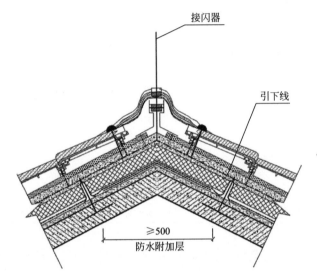

图2.17-13 屋面暗敷避雷带

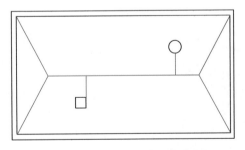

图2.17-14 屋面暗敷避雷带平面图

第3章

幕墙工程

3.1 构件式玻璃幕墙

3.1.1 适用范围

适用于明框玻璃幕墙、隐框玻璃幕墙、半隐框玻璃幕墙。

3.1.2 质量要求

（1）随主体结构预埋施工前，需完成幕墙工程的深化图纸，依据深化图确定预埋件位置。

（2）幕墙与主体结构的预埋件和后置埋件的位置、数量、规格尺寸、防腐处理及后置埋件的拉拔力应符合设计要求。

（3）幕墙抗风压性能、气密性能和水密性能应符合设计和规范要求。有抗震要求的幕墙，平面内变形检测应符合设计要求；有节能要求的幕墙，节能性能的检测应符合设计要求。

（4）立柱铝合金型材开口部位的厚度不小于 3.0mm；闭口部位的厚度不小于 2.5mm；钢型材截面受力部位的厚度不小于 3.0mm。

（5）铝合金立柱通常是一层楼高设置一整根，接头处应有一定空隙，上下立柱之间通过活动接头连接。当每层设两个支点时，宜设计成受拉构件，即上支点宜设圆孔，在上端悬挂，采用长圆孔或椭圆孔与下端连接，形成吊挂受力状态。

（6）幕墙的横梁应当采用铝合金型材，跨度不超过 1.2m 时，其截面主要受力部位的厚度不小于 2.0mm；跨度大于 1.2m 时，其截面主要受力部位的厚度不小于 2.5mm。采用钢型材时，厚度不小于 2.5mm。

（7）横梁分段与立柱连接，连接处应设置柔性垫片或预留 1～2mm 的间隙，间隙内填胶，避免型材刚性接触；横梁与立柱间的连接紧固件应按设计要求采用不锈钢螺栓、螺钉等连接。

（8）明框幕墙横梁及组件上的导气孔和排水孔位置应符合设计要求，保证导气孔和排水孔通畅。

（9）固定半隐框、隐框玻璃幕墙玻璃板块的压块或勾块，其规格和间距应符合设计要求且不宜大于 300mm。

（10）隐框玻璃幕墙采用挂钩固定玻璃板块时，挂钩接触面宜设置柔性垫片，防止产生摩擦噪声。

（11）明框玻璃幕墙的玻璃不得与框构件直接接触，玻璃四周与构件凹槽各部保持一定的空隙，每块玻璃下面应至少放置两块宽度与槽口宽度相同的弹性定位垫块，定位垫块的长度、玻璃四边嵌入量及留空尺寸应符合规范和设计要求。

（12）玻璃的安装方向应正确，玻璃镀膜一侧应符合设计要求。

（13）幕墙开启窗配件齐全，安装牢固，开启自如，开启角度不宜大于 30°，开启距离不宜大于 300mm。开启扇周边缝隙宜使用氯丁橡胶，三元乙丙橡胶或硅橡胶密封条制品密封。

（14）密封胶的施工厚度应大于 3.5mm，一般控制在 4.5mm 以内，密封胶的施工宽度不宜小于厚度的 2 倍；密封胶在接缝内应两对面粘贴，不应三面粘贴。

（15）无窗槛墙的幕墙，应在每层楼板的外檐设置耐火极限不低于 1.0h、高度不低于 0.8m 的不燃烧实体裙墙或防火玻璃墙。

（16）防火层不应与玻璃直接接触，防火材料朝玻璃面处应采用装饰材料覆盖。

（17）同一幕墙玻璃单元不应跨越两个防火分区。

（18）幕墙的金属框架应与主体结构的防雷体系可靠连接，防雷连接的钢构件在完成后都应进行防锈油漆处理，幕墙防雷连接电阻值应符合设计和规范要求。

（19）在不大于 10m 范围内宜有 1 根幕墙的金属立柱采用柔性导线，将上柱与下柱的连接处连通。铜质导线截面面积不宜小于 $25mm^2$，铝制导线不宜小于 $30mm^2$。

（20）主体结构有水平均压环的楼层，对应导电通路的立柱预埋件或固定件应采用圆钢或扁钢与均压环焊接连通，形成防雷通路。圆钢直径不宜小于 12mm，扁钢截面不宜小于 5mm×40mm。防雷接地一般每 3 层与均压环连接。

3.1.3　工艺流程

计算机深化排版→预埋件安装→测量放线→复查预埋件及安装后置埋件→安装立柱、横梁及转接件→防雷装置的安装→保温层、防火隔离带安装→玻璃面板安装→窗扇安装→压座、扣盖安装及打密封胶→淋水试验→装饰面清洁→验收。

3.1.4　精品要点

（1）幕墙深化设计要遵循对称、对缝、美观大方的原则，充分考虑立面造型（图 3.1-1、图 3.1-2）。

（2）埋件形式分类及施工控制。埋件分为平板埋件和槽形埋件（图 3.1-3、图 3.1-4）。与主体结构连接的预埋件应在主体结构施工时按设计要求埋设。埋设应牢固，位置应准确。预埋件的标高偏差不应大于 10mm，预埋件的位置偏差不应大于 20mm。

（3）转接件优先采用椭圆孔，保证在进深方向及高度方向有±25mm 的调节余量，减少预埋偏差带来的影响（图 3.1-5、图 3.1-6）。

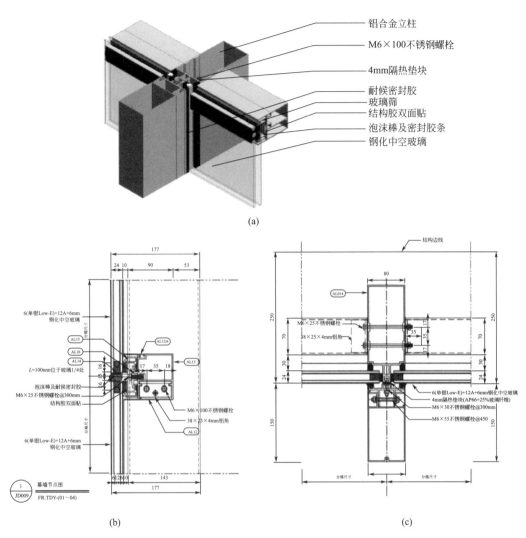

铝合金立柱
M6×100不锈钢螺栓
4mm隔热垫块
耐候密封胶
玻璃筛
结构胶双面贴
泡沫棒及密封胶条
钢化中空玻璃

(a)

6(单银Low-E)+12A+6mm
钢化中空玻璃

AL15
AL16
AL14
AL12A
AL13

L=100nnn位于玻璃1/4处
泡沫棒及耐候密封胶
M6×25不锈钢螺栓@300mm
结构胶双面贴

M6×100不锈钢螺栓
38×23×4mm铝角
AL12

6(单银Low-E)+12A+6mm
钢化中空玻璃

1
JD009
幕墙节点图
FR:TDY-(01～04)

(b)

结构边线

AL014

M6×25不锈钢螺栓
38×25×4mm铝角

6(单银Low-E)+12A+6mm钢化中空玻璃
4mm隔热垫块(AP66+25%玻璃纤维)
M6×30不锈钢螺栓@300mm
M6×55不锈钢螺栓@450

分格尺寸
分格尺寸

(c)

图 3.1-1　构件式玻璃幕墙示意图

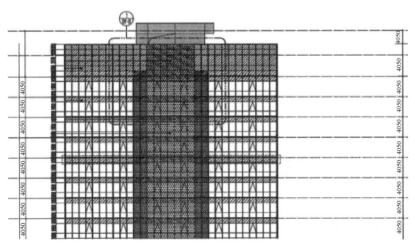

图 3.1-2　幕墙立面深化设计示意图

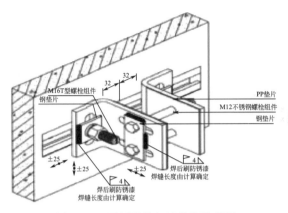

图 3.1-3 平板埋件与转接件示意图

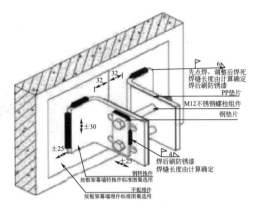

图 3.1-4 槽形埋件与转接件示意图

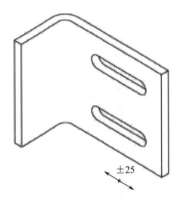

图 3.1-5 平板预埋转接件轴测示意图

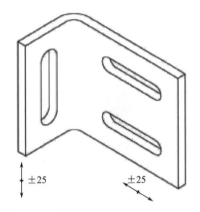

图 3.1-6 槽形预埋转接件轴测示意图

（4）铝合金立柱与钢镀锌连接件（支座）接触面之间应加防腐隔离柔性垫片。

（5）立柱每个连接部位的受力螺栓，至少需要布置 2 个。上下立柱之间应有不小于 15mm 的缝隙，以适应和吸收主体沉降、温差变形、地震作用和施工误差。并应采用芯柱连接。芯柱总长度不应小于 400mm。芯柱与立柱应紧密接触。立柱与连接件采用不同金属材料时，中间采用绝缘垫片分隔。横梁分段与立柱连接，连接处应设置柔性垫片或预留 1～2mm 的间隙，间隙内填胶，避免型材刚性接触时热胀冷缩产生摩擦噪声，提高幕墙抗震变位能力。横梁与立柱间的连接紧固件应按设计要求采用不锈钢螺栓、螺钉等。

（6）玻璃与竖框连接采用铝合金附框，玻璃与铝合金附框连接采用硅酮结构胶。附框与横框通常采用三元乙丙橡胶条做柔性连接，保证了浮动式连接，满足幕墙各种变位要求，避免因结构变化，造成直接经济损失或玻璃面板的破碎。

（7）不同金属之间均采用尼龙垫片做柔性连接，防止电化学腐蚀，提高幕墙使用寿命。

（8）利用双道密封，保证幕墙系统的气密性、水密性（图 3.1-7）。

（9）玻璃幕墙表面平整、洁净，整幅玻璃的色泽应均匀一致，反映外界影像无畸变，线条交圈，平直吻合，外观晶莹美观，不得有污染和镀膜损坏（图 3.1-8）。

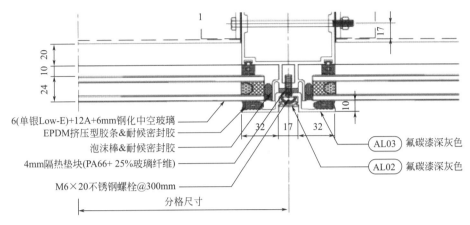

6(单银Low-E)+12A+6mm钢化中空玻璃
EPDM挤压型胶条&耐候密封胶
泡沫棒&耐候密封胶
4mm隔热垫块(PA66+ 25%玻璃纤维)
M6×20不锈钢螺栓@300mm

AL03 氟碳漆深灰色
AL02 氟碳漆深灰色

分格尺寸

图 3.1-7 双道密封示意图

(a)　　　　　　　　　　　　(b)

图 3.1-8 玻璃幕墙表面

（10）相邻玻璃板块四边对齐，板面平整，无错台。

（11）外露框或压条横平竖直，颜色、规格符合设计要求，压条安装牢固。

（12）密封胶条横平竖直、深浅一致、宽窄均匀、光滑顺直（图 3.1-9）。

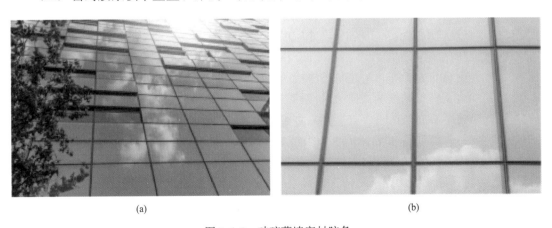

(a)　　　　　　　　　　　　(b)

图 3.1-9 玻璃幕墙密封胶条

3.2 单元式玻璃幕墙

3.2.1 适用范围

适用于玻璃面板与金属框架组装的单元幕墙，玻璃面板、金属面板与金属框架组装的单元幕墙，以及单挂点、双挂点和多挂点的单元幕墙。

3.2.2 质量要求

（1）随主体结构预埋施工前，需完成幕墙工程的深化图纸，依据深化图确定预埋件位置。

（2）幕墙与主体结构的预埋件和后置埋件的位置、数量、规格尺寸、防腐处理及后置埋件的拉拔力应符合设计要求。

（3）幕墙抗风压性能、气密性能和水密性能应符合设计和规范要求。有抗震要求的幕墙，平面内变形检测应符合设计要求；有节能要求的幕墙，节能性能的检测应符合设计要求。

（4）单元式幕墙玻璃的厚度应不小于 6.0mm。

（5）单元式玻璃幕墙的中空玻璃应采用双道密封。明框的中空玻璃采用聚硫密封胶及丁基密封胶；隐框或半隐框的中空玻璃材料用硅酮结构密封胶及丁基密封胶；镀膜层应在中空玻璃的第二面或第三面上。

（6）玻璃的安装方向应正确，玻璃镀膜一侧应符合设计要求。

（7）幕墙开启窗配件齐全，安装牢固，开启自如，开启角度不宜大于 30°，开启距离不宜大于 300mm。开启扇周边缝隙宜使用氯丁橡胶，三元乙丙橡胶或硅橡胶密封条制品密封。

（8）单元板块之间、单元板块与墙体间的接缝用硅酮耐候密封胶密封，密封胶的施工厚度应大于 3.5mm，一般控制在 4.5mm 以内，密封胶的施工宽度不宜小于厚度的 2 倍；密封胶在接缝内应两对面粘贴，不应三面粘贴。

（9）幕墙与各层楼板，隔墙外沿间的缝隙，应采用不燃材料封堵，填充材料可采用岩棉或矿棉，其厚度不应小于 100mm，并应满足设计的耐火极限要求，在楼层间形成水平防火烟带。防火层应采用厚度不小于 1.5mm 的镀锌钢板承托，不得采用铝板。

（10）无窗槛墙的幕墙，应在每层楼板的外檐设置耐火极限不低于 1.0h、高度不低于 0.8m 的不燃烧实体玻璃裙墙或防火玻璃墙。

（11）防火层不应与玻璃直接接触，防火材料朝玻璃面处应采用装饰材料覆盖。

（12）同一幕墙玻璃单元不应跨越两个防火分区。

（13）幕墙的金属框架应与主体结构的防雷体系可靠连接，防雷连接的钢构件在完成后都应进行防锈油漆处理，幕墙防雷连接电阻值应符合规范要求。

（14）在不大于 10m 范围内宜有 1 根幕墙的金属立柱采用柔性导线，将上柱与下柱的连接处连通。铜质导线截面面积不宜小于 25mm²，铝制导线不宜小于 30mm²。

（15）主体结构有水平均压环的楼层，对应导电通路的立柱预埋件或固定件应采用圆钢或扁钢与均压环焊接连通，形成防雷通路。圆钢直径不宜小于 12mm，扁钢截面不宜小于 5mm×40mm。防雷接地一般每 3 层与均压环连接。

（16）在有镀膜层的构件上进行防雷连接，应除去其镀膜层；使用不同材料的防雷连接应避免产生双金属腐蚀。

3.2.3 工艺流程

计算机深化排版（图 3.2-1）→预埋件安装→测量放线→复查预埋件及安装后置埋件→安装立柱、横梁及转接件→防雷装置的安装→保温层、防火隔离带安装→玻璃面板安装→窗扇安装→压座、扣盖安装及打密封胶→淋水试验→装饰面清洁→验收。

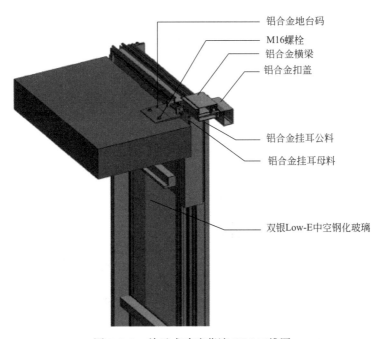

图 3.2-1 单元式玻璃幕墙 BIM 三维图

3.2.4 精品要点

（1）幕墙深化设计要遵循对称、对缝、美观大方的原则，充分考虑立面造型、立面分格的形式。立面的分格宜与室内空间组合相适应，不宜妨碍室内功能和视觉；在确定玻璃板块尺寸时，应有效提高玻璃原片的利用率，同时应适应钢化、镀膜、夹层等生产设备的加工能力；立面的分格除了考虑立面效果外，必须综合考虑室内空间组合、功能和视觉、玻璃尺度、加工条件等多方面的要求（图 3.2-2）。

（2）单元板块与主体结构锚固连接的转接组件应可三维调节，保证在进深方向及高度方向有少量调节余地，减少预埋件偏差带来的影响（图 3.2-3）。

（3）单元板块的构件连接应牢固，构件连接处的缝隙应采用硅酮建筑密封胶密封。

（4）必须对施胶胶缝进行清洗，胶缝不应有灰尘、杂物存在。清洗剂为乙醇、丙酮、异丙醇、丁醇、二甲苯等，应选用相容性试验报告制定的清洁用溶剂，或经过试验合格后

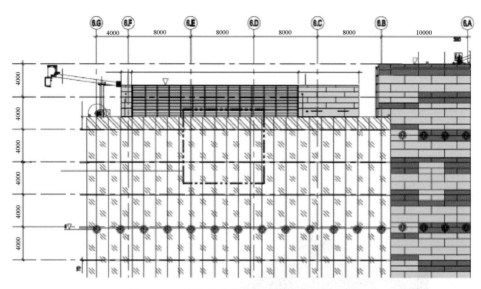

图 3.2-2　单元式玻璃幕墙立面深化设计示意图

图 3.2-3　转接示意图

选用清洁用溶剂。清洗剂不能对被清洗的表面产生腐蚀、污染和破坏作用。

（5）单元的上下板块间通过横梁进行插接，保证横梁安装的平整度（图 3.2-4）。

（6）每安装完相邻单元板块，随即使用防水板进行板块横缝防水处理，盖住板块间交接位置洞口，用耐候密封胶将板块四周接触位置密实（图 3.2-5）。

（7）单元式玻璃幕墙表面平整、洁净，整幅玻璃的色泽应均匀一致，反映外界影像无畸变，线条交圈，平直吻合，外观晶莹美观，不得有污染和镀膜损坏（图 3.2-6）。

（8）单元式玻璃幕墙的单元拼缝应横平竖直，均匀一致。

（9）单元式玻璃幕墙压条横平竖直，颜色、规格符合设计要求，压条安装牢固。

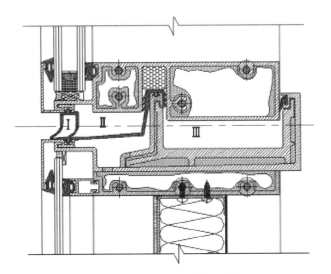

图 3.2-4 上下横梁插接剖面示意图

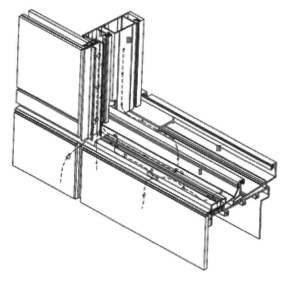

图 3.2-5 排水路径

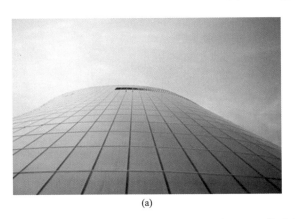

| (a) | (b) | (c) |

图 3.2-6 单元式玻璃幕墙

（10）单元式玻璃幕墙隐蔽节点的遮封装修应牢固、整齐、美观。

3.2.5 实例或示意图

实例或示意图见图3.2-7～图3.2-12。

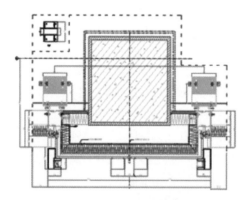

图3.2-7 单元体横剖图

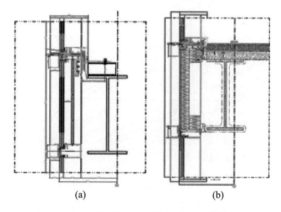

(a)　　　　　　　　(b)

图3.2-8 单元体竖剖图（层间玻璃饰面）

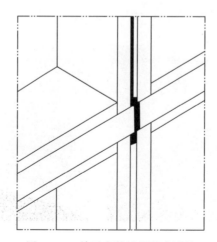

图3.2-9 单元安装过程蓄水试验

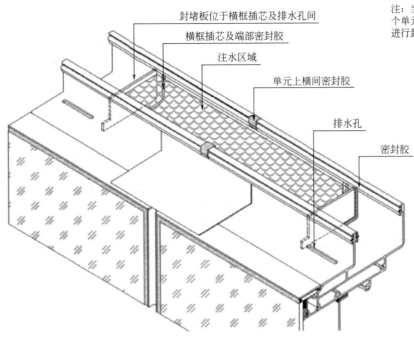

封堵板位于横框插芯及排水孔间

横框插芯及端部密封胶

注水区域

单元上横间密封胶

排水孔

密封胶

注：当封堵板封堵的区域跨越多
个单元时，注水区域的排水孔应
进行封堵。

图 3.2-10　十字缝节点防排水示意图

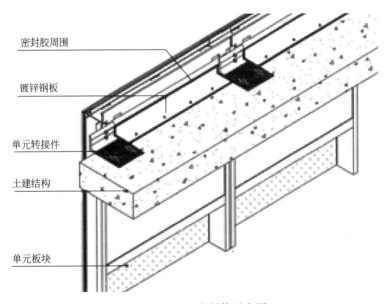

密封胶周围

镀锌钢板

单元转接件

土建结构

单元板块

图 3.2-11　防火封修示意图

(a)   (b)

图 3.2-12　项目幕墙实例图

3.3　全玻璃幕墙

3.3.1　适用范围

适用于坐地式全玻璃幕墙（分不设玻璃肋、设玻璃肋两种）、吊挂式全玻璃幕墙。

3.3.2　质量要求

（1）随主体结构预埋施工前，需完成幕墙工程的深化图纸，依据深化图确定预埋件位置。

（2）幕墙与主体结构的预埋件和后置埋件的位置、数量、规格尺寸、防腐处理及后置埋件的拉拔力应符合设计要求。

（3）幕墙抗风压性能、气密性能和水密性能应符合设计要求。有抗震要求的幕墙，平面内变形检测应符合设计要求；有节能要求的幕墙，节能性能的检测应符合设计要求。

（4）面板玻璃可采用单层钢化玻璃、钢化夹胶玻璃、钢化中空玻璃，且厚度不宜小于10mm。面板玻璃为中空玻璃时，其第二道密封胶应采用硅酮结构密封胶，其粘结宽度应按计算确定并符合构造要求；面板玻璃为夹层玻璃时，其夹层玻璃单片厚度不应小于8mm。

（5）玻璃肋宜采用钢化玻璃、夹层玻璃，且该夹层玻璃应进行封边处理；开孔玻璃肋应采用钢化夹层玻璃，玻璃肋的截面厚度不应小于12mm，截面高度不应小于100mm。

（6）当全玻璃幕墙的幕墙玻璃高度超过4m（玻璃厚度为10mm或12mm）、5m（玻璃厚度为15mm）或6m（玻璃厚度为19mm）时，全玻璃幕墙应悬挂在主体结构上。

（7）全玻璃幕墙采用镀膜玻璃时，不应采用酸性硅酮结构密封胶粘结。

（8）全玻璃幕墙玻璃板面与装修面或结构面之间的空隙不应小于8mm，且应采用密封胶密封。

（9）采用胶缝传力的全玻璃幕墙，其胶缝必须采用硅酮结构密封胶，玻璃接缝的宽度和厚度应满足规范要求并根据结构计算确定，宽度不应小于相关规范规定的最小值6mm。

（10）采用钢桁架或钢梁作为受力构件时，其中心线必须与幕墙中心线相一致，椭圆螺孔中心线应与幕墙吊杆锚栓位置一致；吊挂式全玻璃幕墙的吊夹与主体结构之间应设置刚性水平传力结构。

（11）吊挂玻璃的夹具不得与玻璃直接接触，夹具衬垫材料应与玻璃平整结合，结合应紧密牢固。

（12）点支承玻璃幕墙中的玻璃肋，应采用夹层钢化玻璃，不应采用单片钢化玻璃。如果长度受钢化、夹胶工艺限制，可用不锈钢板分段对接的形式来实现，其连接金属件厚度不应小于6mm，连接螺栓宜采用不锈钢螺栓，其直径不应小于8mm。

（13）点支承的面玻璃最下端的玻璃下端与下槽底的空隙应满足玻璃伸长变形的要求，不应小于10mm。

（14）全玻璃幕墙玻璃面板与玻璃面板、玻璃面板与玻璃肋的连结胶缝必须采用硅酮结构密封胶，可以现场打注。

（15）同一工程应采用相同品牌的密封胶、结构胶，严禁混搭使用；玻璃自重不宜由结构胶缝单独承受。

3.3.3 工艺流程

计算机深化排版→预埋件安装→测量放线→复查预埋件及安装后置埋件→结构钢梁钢架焊接→安装玻璃肋（打结构胶）→吊夹安装→玻璃面板安装→注嵌耐硅酮密封胶→面板清洁、验收。

3.3.4 精品要点

（1）幕墙深化设计要遵循对称、对缝、美观大方的原则，充分考虑立面造型、立面分格的形式（图3.3-1）。

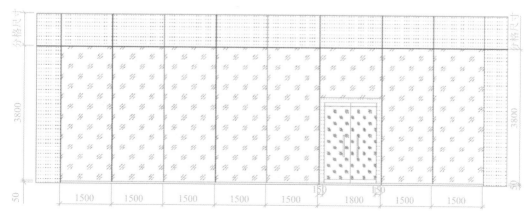

图3.3-1 幕墙立面深化设计排版图

（2）端支承全玻璃幕墙面玻璃与肋玻璃构造形式有如图 3.3-2 所示三种。

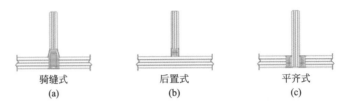

骑缝式　　　　　　　　　后置式　　　　　　　　　平齐式
(a)　　　　　　　　　　　(b)　　　　　　　　　　(c)

图 3.3-2　端支承全玻璃幕墙面玻璃与肋玻璃构造形式

（3）全玻璃幕墙的周边收口槽壁与玻璃面板或玻璃肋的空隙均不宜小于 8mm，吊挂玻璃下端与下槽底的空隙尚应满足玻璃伸长变形的要求；玻璃与下槽底应采用弹性垫块支承或填塞，垫块长度不宜小于 100mm，厚度不宜小于 10mm；槽壁与玻璃间应采用硅酮建筑密封胶密封（图 3.3-3）。

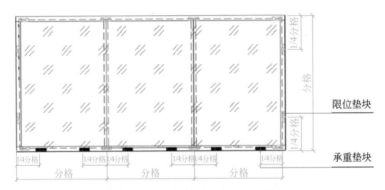

图 3.3-3　全玻璃幕墙玻璃与下槽底

（4）结构胶和密封胶的打注应饱满、密实、连续、深浅一致、宽窄均匀、光滑顺直（图 3.3-4）。

图 3.3-4　结构胶和密封胶打注效果

（5）支承装置与支承构件连接处焊缝平滑、美观，表面处理干净，喷涂全面；不锈钢件光泽度与设计相符，无锈斑。

（6）幕墙隐蔽节点的遮封装修应牢固、整齐、美观。

3.3.5 实例或示意图

实例或示意图见图 3.3-5～图 3.3-8。

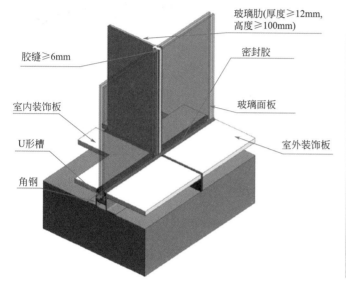

图 3.3-5 全玻璃幕墙 BIM 三维图

图 3.3-6 玻璃肋实例图

图 3.3-7 全玻璃幕墙现场施工图

(a)　　　　　　　　　　　　　　　　　(b)

图 3.3-8　全玻璃幕墙实例图

3.4　点支式玻璃幕墙

3.4.1　适用范围

适用于玻璃肋支撑的点支式玻璃幕墙，由钢管或型钢单根构件作为支撑的点支式玻璃幕墙，桁架和空腹桁架支撑的点支式玻璃幕墙，拉杆和拉锁支撑的点支式玻璃幕墙。

3.4.2　质量要求

（1）随主体结构预埋施工前，需完成幕墙工程的深化图纸，依据深化图确定预埋件位置。

（2）幕墙与主体结构的预埋件和后置埋件的位置、数量、规格尺寸、防腐处理及后置埋件的拉拔力应符合设计要求。

（3）点支式玻璃幕墙的抗风压变形、耐雨水渗透、耐空气渗透、光学、保温、隔声和耐撞击等性能等级的确定，均应按现行国家标准《建筑幕墙》GB/T 21086 的分级规定执行。

（4）对有空调和供暖要求的建筑物，当点支式玻璃幕墙的内外压力差为 10Pa 时，空气渗透量不应大于 $0.1m^3/$（m·h）。

（5）当点支式玻璃幕墙平面内变形达到主体结构弹性计算的层间相对位移控制值的 3 倍时，点支式玻璃幕墙不应损坏。

（6）金属构件的焊缝应满足外观质量要求。

（7）采用浮头式连接件的幕墙玻璃厚度不应小于 6mm；采用沉头式连接件的幕墙玻璃厚度不应小于 8mm，玻璃支撑孔边与板边的距离不宜小于 70mm。

（8）面板玻璃应采用钢化玻璃及其制品，以玻璃肋作为支撑结构时，应采用钢化夹层玻璃。

（9）点支式幕墙采用镀膜玻璃时，不应采用酸性硅酮结构密封胶粘结。

（10）幕墙爪件安装前，应精确定出其安装位置，通过爪件三维调整，使玻璃面板位置准确，爪件表面与玻璃面平行；玻璃面板之间的空隙宽度不应小于10mm，且应采用硅酮建筑密封胶嵌缝。

（11）点支式玻璃雨篷坡度合理，玻璃支撑构造不妨碍排水，无渗漏。

（12）幕墙与各层楼板，隔墙外沿间的缝隙，应采用不燃材料封堵，填充材料可采用岩棉或矿棉，其厚度不应小于100mm，并应满足设计的耐火极限要求，在楼层间形成水平防火烟带。防火层应采用厚度不小于1.5mm的镀锌钢板承托，不得采用铝板。

（13）无窗槛墙的幕墙，应在每层楼板的外檐设置耐火极限不低于1.0h、高度不低于0.8m的不燃烧实体裙墙或防火玻璃墙。

（14）防火层不应与玻璃直接接触，防火材料朝玻璃面处应采用装饰材料覆盖。

（15）同一幕墙玻璃单元不应跨越两个防火分区。

（16）幕墙的金属框架应与主体结构的防雷体系可靠连接，防雷连接的钢构件在完成后都应进行防锈油漆处理，幕墙防雷连接电阻值应符合规范要求。

3.4.3 工艺流程

计算机深化排版→预埋件安装→测量放线→复查预埋件及安装后置埋件→钢结构（梁式、钢桁架、索桁架）安装→驳接爪安装→保温层安装→玻璃面板安装→防火隔离带安装→注胶密封→面板清洁、验收。

3.4.4 精品要点

（1）点支式玻璃幕墙以其外观整洁、明丽，具有现代感而得到了广泛的应用，在立面设计中尽量考虑"大玻璃、通透性好"的基本原则，兼顾美观，尽可能做到纤细、简洁、合理，力求以最优分格形式保证中心装饰完美（图3.4-1）。

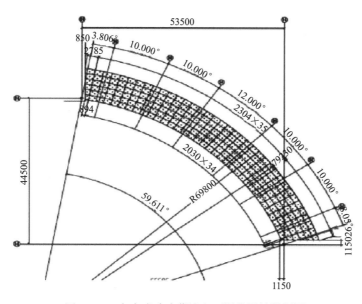

图3.4-1 点支式玻璃幕墙立面深化设计排版图

（2）转接件优先采用椭圆孔，保证在进深方向及高度方向有少量调节余地，减少预埋件偏差带来的影响。

（3）点支式玻璃幕墙表面平整、洁净，整幅玻璃的色泽应均匀一致，反映外界影像无畸变，线条交圈，平直吻合，外观晶莹美观，不得有污染和镀膜损坏（图3.4-2）。

(a)   (b)   (c)

图3.4-2　点支式玻璃幕墙外观

（4）相邻玻璃板块四边对齐，板面平整，无错台。

（5）胶缝应横平竖直、缝宽均匀，注胶平整光滑。

（6）钢拉杆和钢拉索安装时，应以张拉力为控制量施加预拉力；对拉杆、拉索应分次、分批对称张拉；在张拉过程中，应对拉杆、拉索预拉力随时进行调整（图3.4-3）。

(a)   (b)

图3.4-3　点支式玻璃幕墙钢拉杆和钢拉索安装

（7）钢结构焊接平滑，防腐涂料均匀、无破损。

（8）幕墙隐蔽节点的遮封装修应牢固、整齐、美观。

3.4.5　实例或示意图

实例或示意图见图3.4-4。

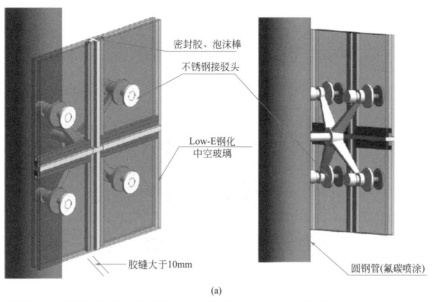

(b)

(c)

(d)

图 3.4-4 点支式玻璃幕墙实例图（一）

(e)

图 3.4-4　点支式玻璃幕墙实例图（二）

3.5　石材幕墙

3.5.1　适用范围

适用于直接式干挂石材幕墙、骨架式干挂石材幕墙、背挂式干挂石材幕墙。

3.5.2　质量控制要点

（1）随主体结构预埋施工前，需完成幕墙工程的深化图纸，依据深化图确定预埋件位置。

（2）幕墙与主体结构的预埋件和后置埋件的位置、数量、规格尺寸、防腐处理及后置埋件的拉拔力应符合设计要求。

（3）幕墙抗风压性能、气密性能和水密性能应符合设计要求。有抗震要求的幕墙，平面内变形检测应符合设计要求；有节能要求的幕墙，节能性能的检测应符合设计要求。

（4）光面立板厚度不应小于 25mm，烧面石板的厚度应比抛光面立板厚 3mm，石材的弯曲强度不应小于 8.0MPa，单块石板面板面积不宜大于 1.5m^2。

（5）钢型材立柱和横梁的截面主要受力部分的厚度不应小于 3.5mm。

（6）上下立柱之间应有不小于 15mm 的缝隙，并应采用芯柱连接。芯柱总长度不应小于 400mm。芯柱与立柱应紧密接触。芯柱与下柱之间应采用不锈钢螺栓固定。

（7）立柱应采用螺栓与角码连接，并通过角码与预埋件或钢构件连接。螺栓直径不应小于 10mm，立柱与角码采用不同金属材料时应采用绝缘垫分隔。

（8）用硅酮结构密封胶粘结固定构件时，注胶应在温度为 15～30℃，相对湿度为 50% 以上，且洁净、通风的室内进行。注胶的宽度、厚度应符合设计要求。

（9）同一石材幕墙工程应采用同一品牌的硅酮密封胶，不得混用；应对用于石材幕墙立面分格缝的密封胶的污染性进行复检，合格后方可使用。

（10）连接件与基层、石材要牢牢固定，槽中距离板材外表面 15mm，石材与金属挂件之间的粘结应用环氧胶粘剂，不得采用云石胶，环氧胶粘剂应符合《干挂石材幕墙用环氧胶粘剂》JC 887 的规定。

（11）石材幕墙胶缝宽度应符合设计要求，深度控制在 6～10mm。

（12）幕墙与各层楼板，隔墙外沿间的缝隙，应采用不燃材料封堵，填充材料可采用岩棉或矿棉，其厚度不应小于 100mm，并应满足设计的耐火极限要求，在楼层间形成水平防火烟带。防火层应采用厚度不小于 1.5mm 的镀锌钢板承托，不得采用铝板。

（13）幕墙的金属框架应与主体结构的防雷体系可靠连接，防雷连接的钢构件在完成后都应进行防锈油漆处理，幕墙防雷连接电阻值应符合规范要求。

（14）在不大于 10m 范围内宜有 1 根幕墙的金属立柱采用柔性导线，将上柱与下柱的连接处连通。铜质导线截面面积不宜小于 25mm^2，铝制导线不宜小于 30mm^2。

（15）主体结构有水平均压环的楼层，对应导电通路的立柱预埋件或固定件应采用圆钢或扁钢与均压环焊接连通，形成防雷通路。圆钢直径不宜小于 12mm，扁钢截面不宜小于 5mm×40mm。防雷接地一般每 3 层与均压环连接。

（16）使用不同材料的防雷连接应避免产生双金属腐蚀。

3.5.3 工艺流程

计算机深化排版→预埋件安装→测量放线→复查预埋件及安装后置埋件→立柱安装→横梁安装→防雷装置的安装→保温层、防火材料安装→石材面板安装→注胶密封→面板清洁、验收。

3.5.4 精品要点

（1）幕墙深化设计要遵循对称、对缝、美观大方的原则，充分考虑立面造型、立面分格的形式（图 3.5-1）。

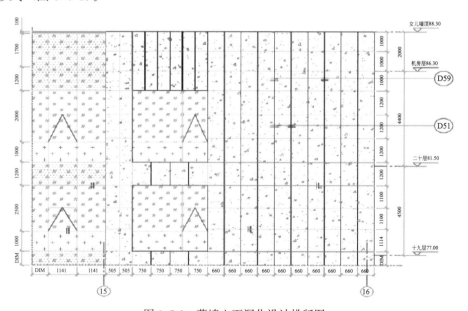

图 3.5-1 幕墙立面深化设计排版图

（2）石材板块安装完后，板块间缝隙必须用石材专用胶填缝，予以密封。防止空气渗透和雨水渗透。打胶前，先清理板缝，按要求填充泡沫棒。在需打胶的部位的外侧粘贴保护胶纸，胶纸的粘贴要符合胶缝的要求。打胶要连续均匀（图3.5-2）。

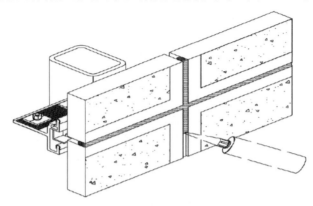

图 3.5-2　石材板块打胶

（3）对于短槽式和背栓式幕墙面板的开槽和开孔的位置，应根据施工图逐块进行排版编号。孔、槽的数量、深度、位置和尺寸应符合设计和规范要求。

（4）层间门窗洞口石材板整块安装，不出现"L"角板块（图3.5-3）。

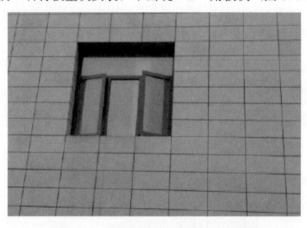

图 3.5-3　层间门窗洞口石材板整块安装

（5）相邻石材板块四角对齐，表面应平整、洁净、无污染，分隔均匀，颜色协调一致，无明显色差。

（6）石材板缝隙分割线宽窄一致，阴阳角板压向正确，套割吻合，板边顺直，无缺棱掉角，无裂纹，凹凸线、花饰出墙厚度一致，上下口平直（图3.5-4）。

（7）板缝注胶应饱满、密实、连续、深浅一致、宽窄均匀、光滑顺直（图3.5-5）。

（8）压条扣板平直，对口严密，安装牢固，整齐划一。

（9）嵌缝条安装嵌塞严密，嵌缝胶的部位干净，与石材粘结牢固，表面顺直，无明显错台、错位，光滑、严密、美观，胶缝以外无污染。

（10）石材幕墙流水坡向正确，门窗洞口、挑檐的顶部应做滴水线，滴水线顺直、宽窄一致（图3.5-6、图3.5-7）。

(a)   (b)

图 3.5-4　石材板缝隙

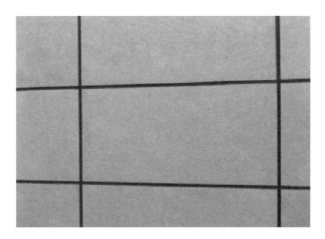

图 3.5-5　板缝注胶

图 3.5-6　挑檐预切割滴水线

图 3.5-7　窗口旋脸胶缝滴水线

3.5.5 实例或示意图

实例或示意图见图 3.5-8～图 3.5-11。

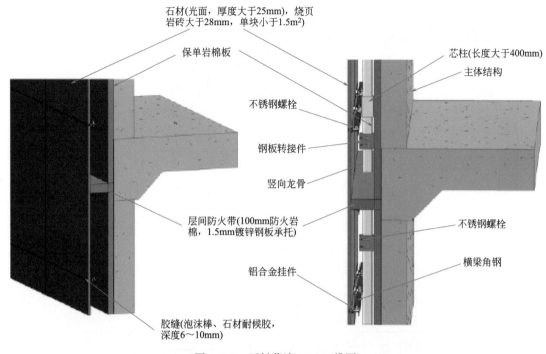

图 3.5-8　石材幕墙 BIM 三维图

图 3.5-9　石材幕墙三维节点

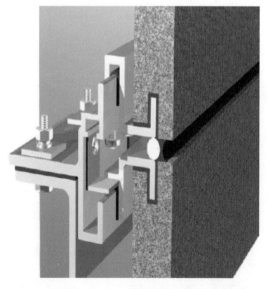

图 3.5-10　石材挂件三维节

(a)　　　　　　　　　　　　　(b)

(c)

图 3.5-11　石材幕墙实例图

3.6　抹灰和面砖墙面伸缩缝

3.6.1　适用范围

适用于外檐装饰为涂料墙面、真石漆墙面和粘贴瓷砖。

3.6.2　一般质量要求

（1）施工前应将基层清理干净，并将松散部分清除，确保基层与柔性材料粘贴密实。

（2）外墙变形缝根据使用要求做防水构造，外墙缝部位在室内外相通时，必须做防水构造。

（3）外墙变形缝的保温构造位置应与所在墙体的保温位置一致。

（4）止水带连接采用搭接，接合长度10cm，在止水带接合部位上刷涂基层胶，待其干燥至不粘手时贴合，压平、压实。

（5）铝合金基座安装牢固、平整，固定铝合金基座螺栓间距应小于等于400mm。

（6）滑杆件间距应小于等于500mm，并视现场情况在两侧端部、拐角处个别地方加强，增加数量。

（7）保持整条缝的直线度，全长直线度应为±10mm/m，槽口两侧完成面保持在同一平面上。

3.6.3　工艺流程

槽口预留及清理→清理完成后复核图纸尺寸、做法→伸缩缝内填充保温材料并固定牢固→粘贴止水带→安装铝合金基座及止水胶条→安装滑杆及盖板。

3.6.4　精品要点

（1）保持伸缩缝扣板与外墙面台度一致，且分色清晰，线条垂直通顺。

（2）扣板与墙面之间打胶饱满且宽度一致，胶缝顺直。

（3）两块伸缩缝盖板交接处拼缝整齐严密，并打耐候密封胶。

（4）盖板外观应表面光洁、平整，不应有明显擦纹，端面平整。

3.6.5　实例或示意图

实例或示意图见图3.6-1～图3.6.4。

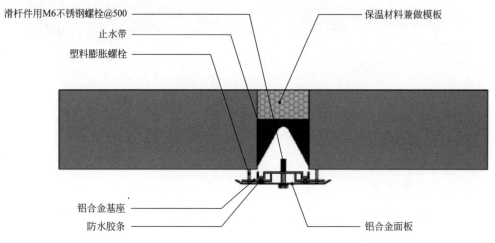

图3.6-1　交接面平面变形缝做法

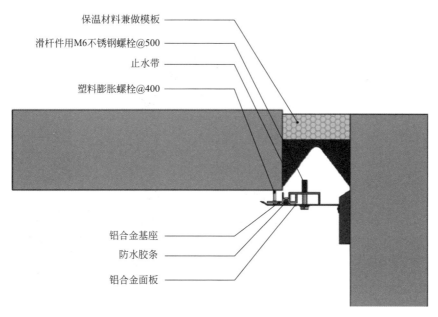

保温材料兼做模板

滑杆件用M6不锈钢螺栓@500

止水带

塑料膨胀螺栓@400

铝合金基座

防水胶条

铝合金面板

图 3.6-2 交接面垂直变形缝做法

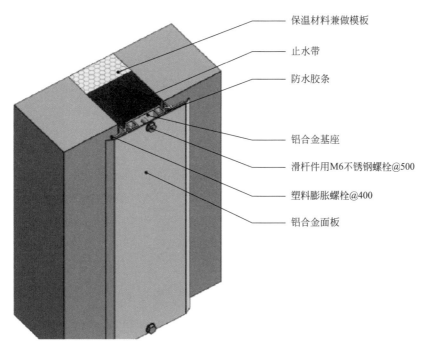

保温材料兼做模板

止水带

防水胶条

铝合金基座

滑杆件用M6不锈钢螺栓@500

塑料膨胀螺栓@400

铝合金面板

图 3.6-3 交接面平面变形缝三维效果

103

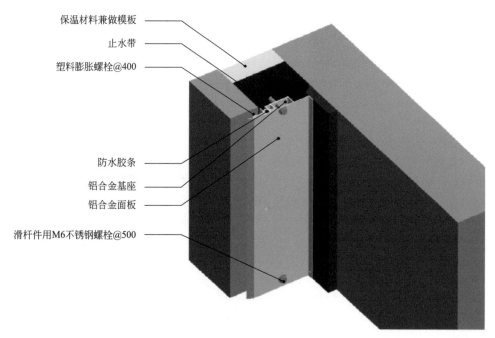

保温材料兼做模板

止水带

塑料膨胀螺栓@400

防水胶条

铝合金基座

铝合金面板

滑杆件用M6不锈钢螺栓@500

图 3.6-4　交接面垂直变形缝三维效果

第4章

外墙面工程

4.1 涂料墙面

4.1.1 适用范围

适用于乳液型涂料、溶剂型涂料、仿砖涂料和仿石涂料外饰面施工。

4.1.2 质量要求

(1) 涂料的品种、型号、性能符合设计要求和相关标准的规定。

(2) 外墙腻子耐水性好、致密、有一定抗裂性能。

(3) 基层应平整、牢固、无疏松物、无尘土，无粉化，且无油污，墙体干燥；基层含水率及 pH 值符合要求。

(4) 建筑外墙用专用腻子批平基面，应严格按设计要求和有关技术规定执行，所用分格条、线条应由质硬挺拔的材料制成。

(5) 涂料外檐整体颜色均匀一致，分色合理，大面平整。建筑物大角、阳台、窗边线等应在一条垂直线上。

(6) 涂饰工程应涂饰均匀、粘结牢固，不得漏涂、透底、起皮和掉粉。

(7) 合理安排施工时间，作业温度为 5～38℃，湿度不大于 80%，避免雨淋、暴晒、冰冻等情况，以免对外墙漆膜造成损害。漆膜养护期一般为 72h。

(8) 加强天气管理，严禁雨天施工，晴天施工保证基层干燥。

4.1.3 工艺流程

(1) 常规涂料

保温层施工→基层处理、抹灰→基层腻子→底漆施工→层间分格、弹线、粘条→第一遍面漆施工→第二遍面漆施工→涂料修整。

(2) 仿外墙砖涂料

保温层施工→基层处理、抹灰→基层腻子→涂刷底漆→涂刷分缝漆→弹线→封闭胶带→喷涂中层涂料→揭除胶带及清理→罩面漆施工。

（3）仿石涂料

保温层施工→基层处理、抹灰→基层腻子→底漆施工→涂刷分缝漆→分格、弹线、粘条→喷涂仿石涂料→起分隔条→表面打磨→罩面漆施工。

4.1.4 精品要点

1. 策划排布

（1）确定外檐样式，包括涂料色号、喷涂方式、线条分格等样式。对所有细部节点进行深化，样板先行，保障成优。

（2）涂料外墙面及层间腰线等处要根据设计要求分格。墙面腰线及装饰线设计合理、美观，涂料墙面不同颜色交界处界面清晰。

（3）喷涂仿外墙砖涂料时，要求整体排砖横竖缝宽窄一致，横平竖直（图4.1-1）。

图 4.1-1　涂料分格线条横平竖直

（4）喷涂仿石涂料时，颜色均匀一致，喷射疏密均匀。仿石涂料、仿砖涂料排布合理，横竖分格在窗口、转角处等均匀对称。

（5）外墙门窗口处排砖，要求砖的大小模数与门窗口的尺寸模数相同，上下、左右排砖均匀对称（图4.1-2、图4.1-3）。

图 4.1-2　模数均匀整齐

图 4.1-3 仿墙砖涂料转角处、门窗口周，砖垛排砖尺寸均匀一致，左右对称

2. 基层处理

基层处理是涂装工程的基础，是涂料施工中极为重要的一个环节，基层处理得好坏直接影响到涂层的附着力、装饰性和使用寿命，应对其予以足够的重视，否则达不到预期的涂饰效果，影响工程质量。凡基层有起壳、裂缝、缺棱掉角、凹凸不平等应修补平整，并按规定养护。

3. 涂料施工

（1）腻子批平。使用外墙腻子的作用是提高基面整体平整度，均衡基材的吸水率，提高清洁度，使表面致密。腻子一般批刮两遍，视基面情况增加。第一遍腻子是主要是填补墙面的凹陷、气孔、砂孔和其他缺陷，即局部找平。第二遍腻子主要以整体找平为主，最终使基面达到平整度的要求。待腻子干透后，应先用 320 号砂纸打磨一遍后再用 400 号砂纸打磨第二遍，以消除打磨砂纸痕迹。腻子打磨后应及时涂刷底漆。

（2）底漆涂刷。涂料墙面基层应刷涂抗碱底漆，用滚筒在被涂刷墙面上用力平稳地来回滚动，表面应无裂缝、流坠，不透底，无漏刷、起皮、掉粉，颜色均匀、耐久，无明显色差和接槎痕迹。底漆干透后方可进行下一道工序。

（3）划分格线，贴胶条。首先根据设计要求进行吊垂直，套方找规矩，弹分格线，分格线宽度为 30mm。此项工作必须严格按设计标高进行控制，必须保证同一水平线沿建筑物四周交圈。分格必须平直、光滑、粗细一致（图 4.1-4）。

（4）涂刷面漆。首先涂料要充分搅拌，并调整其浓度，以适宜涂刷为度。然后用毛辊蘸涂料进行滚涂，滚涂采用"井"字形涂刷，不应出现微型气泡和流坠现象，一定要做到涂料厚度均匀、外形美观。局部可用毛刷进行修补。分色线、外墙瓷砖、窗框在涂装前应先用胶带封边，而后进行涂装，涂装时若使用毛刷应注意先边角后大面涂刷，不能有漏涂现象。

① 面漆涂装时应注意在分隔线内墙面应一次涂装完毕，以免造成接槎痕迹。面漆涂装时发现有局部不符合要求的，应按前道工序要求进行修补，直至符合要求后方可涂装面漆。

② 喷涂工人通过喷枪，将涂料雾化后，涂覆在墙体表面，其效果更接近于传统乳胶漆，能够达到很好的平整度。

③ 弹涂是采用专业的弹涂工具，使涂料形成不规则小颗粒，将其涂覆在墙体表面，

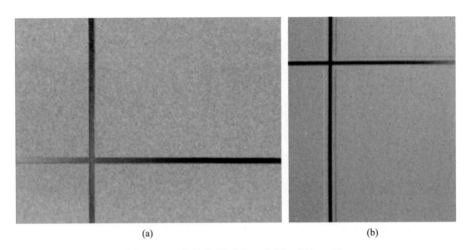

(a)　　　　　　　　　　　　　　　(b)

图 4.1-4　分格必须平直、光滑、粗细一致

其装饰效果更好，能够呈现出立体效果。

　　④ 弹涂、喷涂前应对窗口进行遮盖，如喷到窗框上应及时清理擦拭干净，防止污染。

　　（5）施工缝与施工段。施工自上而下进行。根据墙体的特点，每一垂直面为一个施工段，水平缝留在分格缝上，垂直缝留在阴阳角处，有室外电梯的部位留在阴阳角处。

　　4. 涂料分色细部处理

　　（1）大墙面分色界限应设置在分格缝处（图 4.1-5）。

　　（2）突出构件反边以 5～10mm 为宜，分色清晰（图 4.1-6）。

图 4.1-5　大墙面分色界限

　　（3）阴阳角细部处理。弹涂、喷涂等。涂料墙面阴阳角为平涂，宽度定为 30mm。

　　5. 外檐滴水线

　　合理选择滴水形式，把细部滴水线做成工程的亮点。

　　（1）成品滴水线应距外墙面 20mm，深度、宽度宜为 10mm，两端距墙各 20mm，不得贯通，防止雨水污染墙面（图 4.1-7～图 4.1-12）。

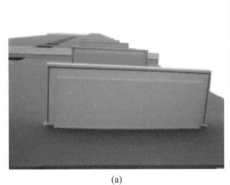

(a)

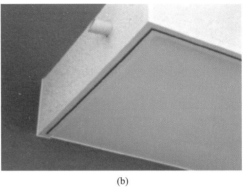

(b)

图 4.1-6　外檐突出构件分色清晰

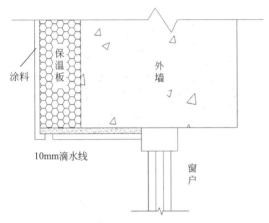

图 4.1-7　滴水线做法

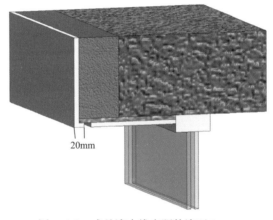

图 4.1-8　成品滴水线应距外墙面 20mm
两端距墙各 20mm

图 4.1-9　窗口滴水线

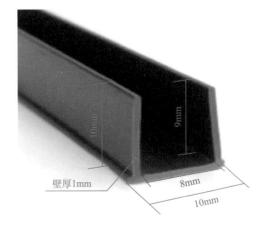

图 4.1-10　成品滴水线

图 4.1-11　突出构件滴水线

图 4.1-12　阳台上口滴水线

（2）门窗洞口上侧采用成品滴水配件（图 4.1-13）。

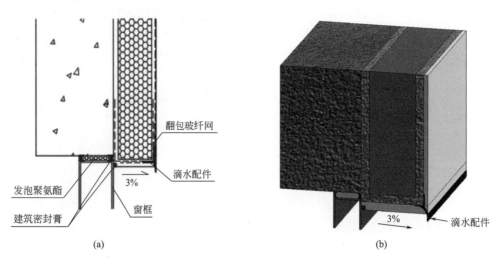

（a）　　　　　　　　　　　　　　　（b）

图 4.1-13　门窗洞口上侧采用成品滴水配件

（3）门窗洞口上侧抹大鹰嘴（图 4.1-14）。

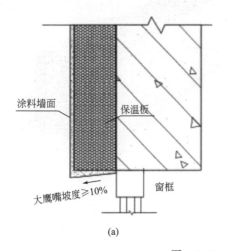

（a）　　　　　　　　　　　　　　　（b）

图 4.1-14　门窗洞口上侧抹大鹰嘴

（4）窗台向外放坡大于等于 3%，与窗框交接处打胶应饱满严密（图 4.1-15）。

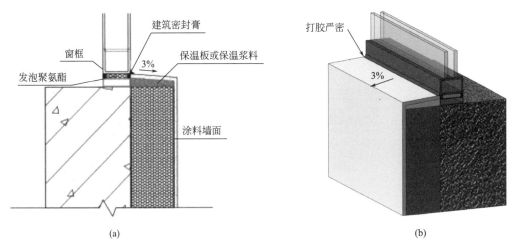

图 4.1-15 窗台与窗框交接

（5）窗台安装披水板时，应在披水上口及固定钉处打胶严密，防渗漏（图 4.1-16）。

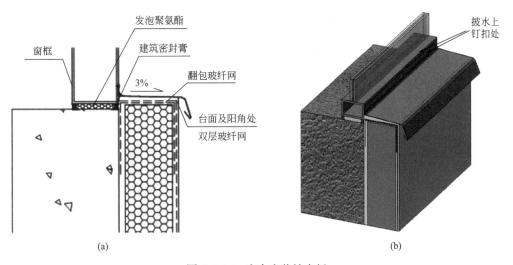

图 4.1-16 窗台安装披水板

（6）女儿墙防水措施。可安装金属压顶板，钉口、接缝处应打胶严密，向内 10% 找坡（4.1-17）。

（7）女儿墙无盖板时，用顶面保温板盖住立缝，避免渗漏串水，向内 10% 找坡（图 4.1-18）。

4.1.5 实例或示意图

实例或示意图见图 4.1-19。

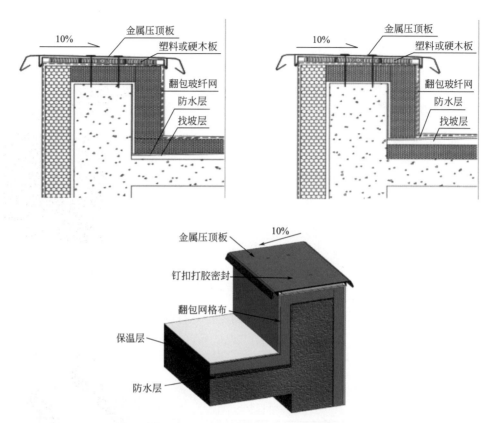

图 4.1-17　女儿墙收头及金属压顶做法

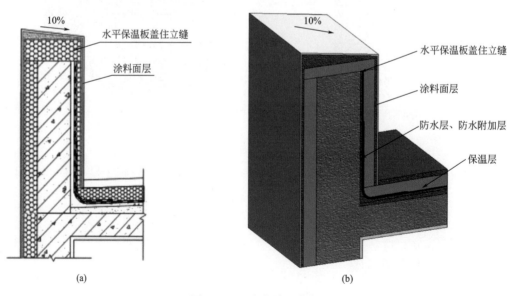

图 4.1-18　女儿墙无盖板

(a)

(b)

(c)

(d)

图 4.1-19 涂料墙面缝宽窄一致、横平竖直、分色清晰

4.2 涂料外墙外保温系统

4.2.1 适用范围

适用于采用涂料饰面及底层局部面砖饰面外墙薄抹灰外保温施工。

4.2.2 一般质量要求

（1）外墙外保温工程施工前应编制专项施工方案，并应制作样板墙，其采用的材料和工艺应与专项施工方案相同，保温材料必须符合设计要求及国家现行标准的有关规定，质量证明文件齐全、试验结果合格。严禁使用国家及地方明令禁止与淘汰的材料和设备。

（2）当保温层采用锚固件固定时，锚固件数量、位置、锚固深度、胶结材料性能和锚固力应符合设计和相关规范的要求。锚栓螺钉应采用不锈钢或经过表面防腐处理的金属制成，塑料钉和带圆盘的塑料膨胀套管应采用聚酰胺、聚乙烯、聚丙烯制成，不得使用回收的再生材料制作。塑料圆盘直径不得小于50mm。

（3）耐碱网格布单位面积质量不小于 $130g/m^2$。

（4）防火隔离带所用保温材料燃烧性能等级应为 A 级，且隔离带的竖向板缝采用 A 级填缝材料。

（5）外保温工程饰面层宜采用涂料、饰面砂浆等轻质材料。

（6）外墙外保温工程应有型式检验报告，耐候性和抗风压性能应符合设计要求。

（7）外墙外保温施工前，应进行胶粘剂与基层墙体的拉伸粘结强度的现场检验，且拉伸粘结强度不应小于 0.3MPa，采用粘贴固定的外保温系统，粘贴固定脱开面积应符合规范要求。

（8）保温板与基层粘贴应牢固无空鼓，平整，拼缝严密，保温体系完成后表面应无裂纹、粉化、剥落现象。

（9）外保温构造应符合消防及设计要求。

4.2.3 工艺流程

放线、挂线→配胶粘剂→粘贴翻包玻纤网→粘贴保温板（隔离带）→压入增强和翻包玻纤网→安装锚栓→配抹面胶浆→抹底层玻纤网并压入玻纤网→抹面层抹面胶浆→保温层伸缩缝处理→外饰面作业→验收。

4.2.4 精品要点

1. 保温体系

（1）挤塑聚苯板薄抹灰外墙外保温系统构造做法如图 4.2-1 所示。燃烧等级 B 级的保温板应按规范要求设置水平防火隔离带。

（2）岩棉板薄抹灰外墙外保温系统构造保护层采用双网压网构造，如图 4.2-2 所示。

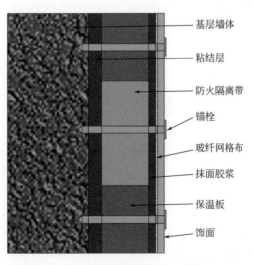

图 4.2-1 挤塑聚苯板薄抹灰外墙外保温系统

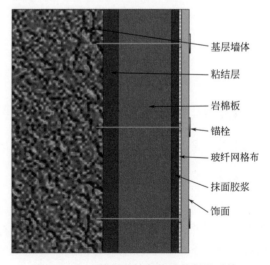

图 4.2-2 岩棉板薄抹灰外墙外保温系统

（3）底层局部面砖饰面外墙薄抹灰外保温系统在抗裂砂浆抹面层中采用钢丝网增强。

2. 基层处理

混凝土墙面的混凝土残渣和隔离剂应清理干净，二次结构墙面砂浆找平层表面无浮土及灰浆残渣，墙面平整度应符合现行规范要求。

3. 保温施工

（1）保温板安装起始部位及门窗洞口、女儿墙等收口部位预粘（在粘贴保温板前完成）翻包玻纤网，宽度为保温板厚加 200mm。

（2）保温板粘结采用点框法或条粘法粘（图 4.2-3、图 4.2-4），板与板之间无"碰头灰"，保温板切口与板面垂直，整块墙面的边角处采用短边尺寸不小于 300mm 的保温板。

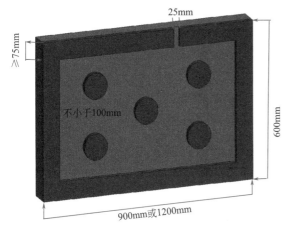

图 4.2-3 点框法

图 4.2-4 条粘法

（3）保温板上下错缝粘贴，阴阳角处做错茬处理，保温板表面平整，立面垂直，阴阳角垂直，阳角方正均不大于 4mm，接槎高差不大于 1.5mm（图 4.2-5）。

（4）门窗口的四角处不出现保温板的拼缝，错缝位置距角部不小于 200mm。拼缝位置不得在门窗口的四角处（图 4.2-6）。

图 4.2-5 阴阳角处理

图 4.2-6 拼缝位置

（5）在门窗洞口四角处沿 45°方向加铺 400mm×200mm 增强玻纤网，增强玻纤网应置于大面玻纤网的内侧（图 4.2-7）。

（6）隔离带与基层满粘，隔离带之间、隔离带与保温板之间拼接严密，宽度超过 2mm 的缝隙用相应厚度的保温板片或发泡聚氨酯填塞。隔离带接缝与上下部位保温板接缝错开，错开距离不小于 200mm（图 4.2-8）。

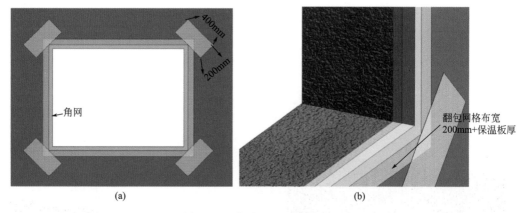

图 4.2-7　门窗洞口四角的处理

（7）隔离带位置的锚栓位于隔离带中间高度，距端部不大于 100mm，锚栓间距不大于 600mm，每段隔离带上的锚栓数量不少于 2 个（图 4.2-9）。

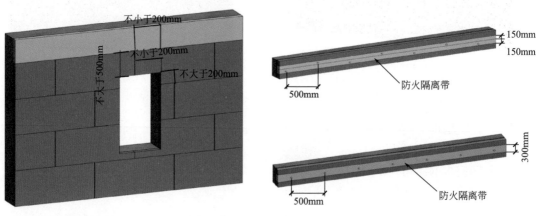

图 4.2-8　隔离带接缝与上下部位保温板接缝　　　　　图 4.2-9　隔离带上的锚栓

（8）岩棉板外保温系统设置在岩棉板安装起始位置，层间楼板位置设置托架，托架在基层墙体上安装牢固，托架应与水平线方向吻合（图 4.2-10）。

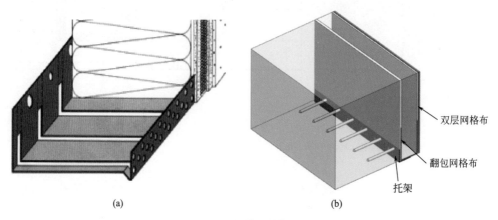

图 4.2-10　岩棉板外保温系统

4. 细部处理

（1）防护层厚度首层不应小于 15mm，其他层不应小于 5mm，防护层立面垂直，阴阳角方正均不超过 4mm。玻纤网铺压严实，玻纤网搭接宽度不得小于 100mm，玻纤网包覆于抹面胶浆中，无空鼓、褶皱、翘曲、外露等现象。首层玻纤网格布应双层设置。

（2）穿外墙管道部位保温板完全包覆管道侧壁，在管道与保温板交界边缘的管道上粘贴预压止水带，宽度不小于 10mm，预压止水带与管道粘贴牢固，外部为硅胶板环和塑料圆环（图 4.2-11）。

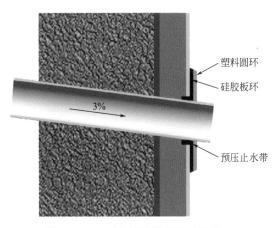

图 4.2-11　穿外墙管道部位保温板

4.2.5　实例或示意图

实例或示意图见图 4.2-12～图 4.2-15。

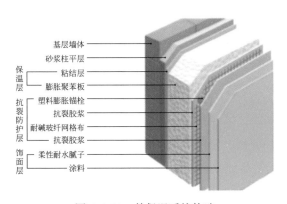

图 4.2-12　外保温系统构造

图 4.2-13　粘贴保温板和防火隔离带

图 4.2-14　锚栓安装

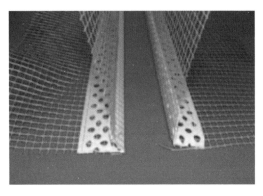

图 4.2-15　角网

117

4.3 饰面砖墙面

4.3.1 适用范围

适用于基层为混凝土或砌筑结构的建筑外檐面层底部局部饰面砖装饰。

4.3.2 一般质量要求

(1) 面砖品种、规格、颜色、质量必须符合设计要求和相关标准的规定。

(2) 外墙饰面砖吸水率应符合相关标准要求。外墙饰面砖宜采用背面有燕尾槽的产品。

(3) 外墙饰面砖粘贴应采用水泥基粘结材料，不得采用有机物为主的粘结材料。

(4) 砖缝填缝材料和接缝深度应符合设计要求，填缝应连续、平直、光滑、无裂纹、无空鼓。

(5) 外檐排砖时，在层间设置水平分格缝，竖向分格缝根据外檐具体情况确定，一般设置在门窗洞口较少的墙体部位或不同材质层相交部位，原则上间距不宜大于 6m，宽度宜为 20mm。排砖宜使用整砖，非整砖宽度不宜小于整砖宽度的 1/2。

(6) 基层应坚实、牢固、洁净，表面平整度、垂直度应符合规范要求。基层表面平整度偏差不应大于 3mm，立面垂直度偏差不应大于 4mm。

(7) 外墙饰面砖工程大面积施工前，应在每种类型的基层上各粘贴至少 $1m^2$ 饰面砖样板进行检验，饰面砖粘结强度不应小于 0.4MPa。

(8) 饰面砖铺贴完毕后做好养护工作，避免砂浆过早失水出现空鼓脱落现象。

(9) 饰面砖铺贴应牢固，不得出现空鼓、裂缝。砖墙面应平整洁净，无歪斜、缺棱掉角。色泽应均匀，无变色、泛碱、污痕和显著的光泽受损处。

(10) 外墙面腰线、窗口、阳台、女儿墙压顶等处应有滴水线（槽）或排水措施。坡向正确、坡度应符合设计要求。

(11) 外檐面砖施工环境温度不宜低于 5℃。夏季施工应避免阳光直射。

4.3.3 工艺流程

饰面砖工程深化设计→基层处理→吊垂直、套方、找规矩、贴灰饼→选砖→打底灰、抹找平层→排砖→分格弹线→浸砖→粘贴饰面砖→勾缝→清理表面。

4.3.4 精品要点

1. 饰面砖排布策划

(1) 总体要求。饰面砖排布策划时，应对设计图纸未明确的细部节点进行辅助深化设计。确定饰面砖排列方式、缝宽、缝深、勾缝形式及颜色、防水及排水构造等。排砖原则确定后，现场实地测量基层结构尺寸，综合考虑找平层及粘结层的厚度，进行排砖设计。

(2) 排砖方式。饰面砖的排列方式通常有对缝排列、错缝排列、菱形排列、尖头形排列等几种形式。

（3）整砖原则。外墙竖向排砖原则上按层高均匀排布，通过调整分隔缝宽度及砖缝宽度实现整砖排布，不宜出现整排非整砖。

（4）对称原则。门窗洞口四角，以及挑檐等凸出构件边缘的部位，以洞口两侧同排面砖对称、窗间墙同排面砖对称为原则，纵横砖缝通顺，不得出现"刀把"砖（图 4.3-1）。

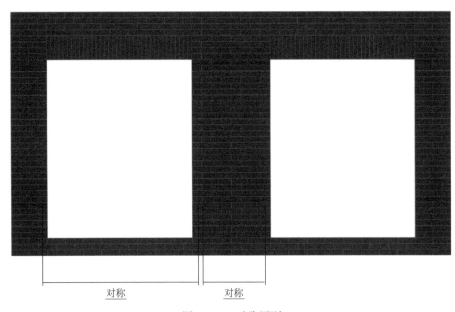

图 4.3-1　对称原则

（5）窗口不合模数时，窗上口、下口可采用其他尺寸的面砖进行调整（图 4.3-2、图 4.3-3）。

图 4.3-2　门窗上口竖向排砖

图 4.3-3　四边排砖垂直口边、四角部位 45°拼接

2. 基层处理

（1）砌体结构面砖粘贴前应进行抹灰处理，结合层施工前先进行表面润湿。用 1:1 水泥细砂浆内掺界面剂拉毛，满刷一道掺胶素水泥浆结合层，然后分层分遍抹砂浆找平

层，通常采用 1∶3 或 1∶2.5 水泥砂浆，为改善和易性可适当添加外加剂。

（2）面砖粘贴前，应对基层进行清理。先将表面灰浆、尘土、污垢清刷干净。

3. 饰面砖粘贴

（1）不得使用掉角、缺棱、开裂、翘曲以及被污染的产品。贴砖前应浸泡 2h 并清洗干净，表面晾干后进行界面处理，界面剂应均匀无积液，变成透明状后进行铺贴。

（2）饰面砖铺贴宜分段由上至下施工，每段内应由下向上粘贴。基层应浇水湿润，含水率以 15%～25% 为宜。

（3）饰面砖专用粘结砂浆厚度一般为 4～8mm。饰面砖卧灰应饱满，以免形成渗水通道，受冻后造成外墙饰面砖空鼓裂纹。

4. 阴阳角细部处理

（1）阳角拼接方法。阳角宜采用海棠角拼接、对角拼接两种方式。采用海棠角拼接方式时，应在 1/2 砖厚处倒角，呈 45°角拼接（图 4.3-4）；采用对角拼接方式时，应拼缝严密，胶粘剂饱满密实，不得出现空鼓（图 4.3-5）。

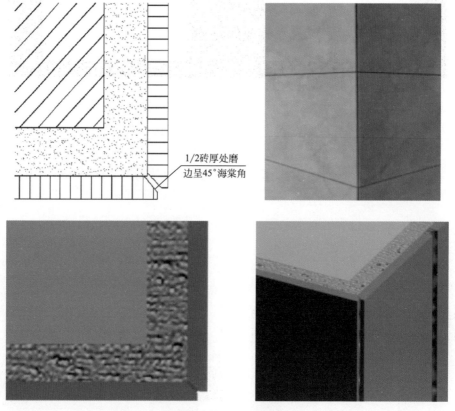

1/2 砖厚处磨
边呈 45°海棠角

图 4.3-4　海棠角拼接方式

（2）采用 45°磨砖对角密拼时，粘结砂浆不易饱满，尤其在北方容易出现进水冻胀、瓷砖脱落现象，外墙贴砖不宜采用磨砖密拼方式（图 4.3-6）。

（3）阴角拼接方法。正视面阴角不留置缝，非正视面阴角留竖缝。采用骑马缝排砖时，正面墙整砖对侧面墙半砖，相互对应排列（图 4.3-7）。

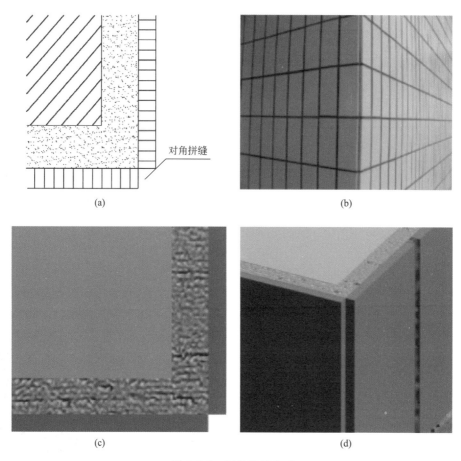

图 4.3-5　对角拼接方式

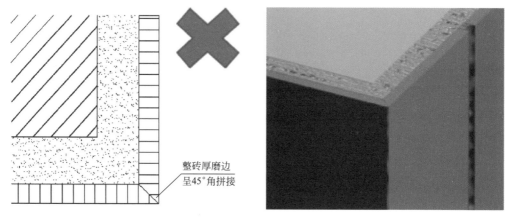

图 4.3-6　磨砖密拼方式（不推荐）

5. 窗口细部处理

（1）窗上口做法。窗上口可采用鹰嘴做法即立面砖应封盖底平面面砖，可下挂 3~5mm 兼做鹰嘴，底平面面砖向内起 10% 坡度以便于滴水（图 4.3-8）。

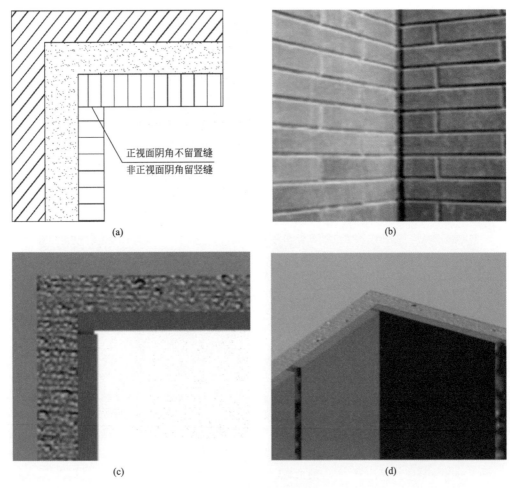

图 4.3-7 阴角拼接方式

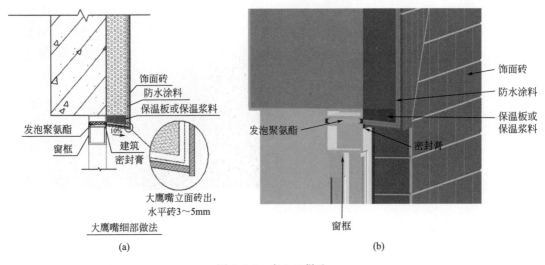

图 4.3-8 窗上口做法

（2）窗上口滴水线做法。除上述大鹰嘴做法外，还可以在立砖与窗上口平砖间埋入滴水线或成品滴水条（图4.3-9）。

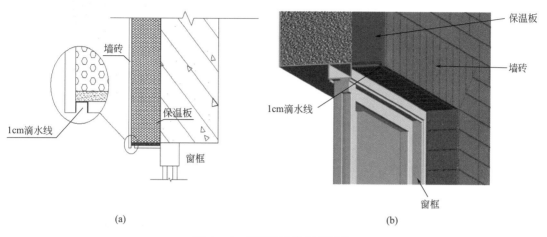

（a）　　　　　　　　　　（b）

图4.3-9　预埋滴水线细部做法

（3）窗台做法。对于女儿墙、窗台等水平阳角处，顶面砖应压盖立面砖，坡度不小于3％（图4.3-10）。

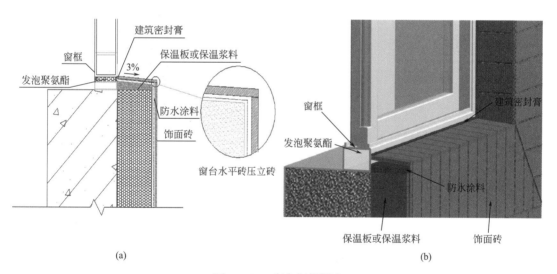

（a）　　　　　　　　　　（b）

图4.3-10　窗台细部做法

6. 防渗漏细部处理

（1）窗口防水措施。窗口防水层应涂刷均匀，且应刷至副框处，窗口外侧涂刷范围应不小于100mm。外饰面完成并干燥后在外饰面与门窗框交接处的阴角打密封胶，高度应压窗框5mm（图4.3-11、图4.3-12）。

（2）空调孔防水措施。空调洞口保证室内向室外有大于3％的坡度，内高外低，防止雨水倒灌，施工完毕后内外侧均以盖板封堵（图4.3-13、图4.3-14）。

（3）穿墙螺栓孔防水措施。封堵前，将孔内垃圾清理完成并在孔内洒水湿润后，从外墙外侧进行封堵，待砂浆达到一定强度后在外墙内侧进行发泡灌注，内侧采用砂浆封堵，

图 4.3-11 窗口涂刷防水涂料

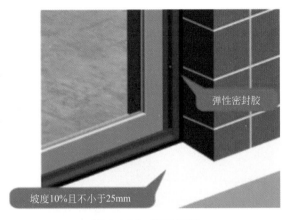

图 4.3-12 窗口打胶

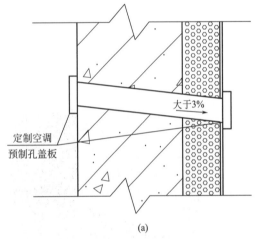

(a)

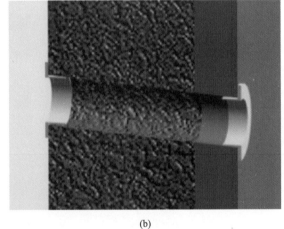

(b)

图 4.3-13 空调孔细部做法

图 4.3-14 空调孔位置准确上下对齐

外墙外侧待砂浆干燥后，用聚氨酯防水涂料进行防水处理，涂刷直径不小于100mm的圆形。要求将螺栓眼内清理干净，发泡胶严密，螺栓眼封堵密实，防水涂料涂刷到位（图4.3-15）。

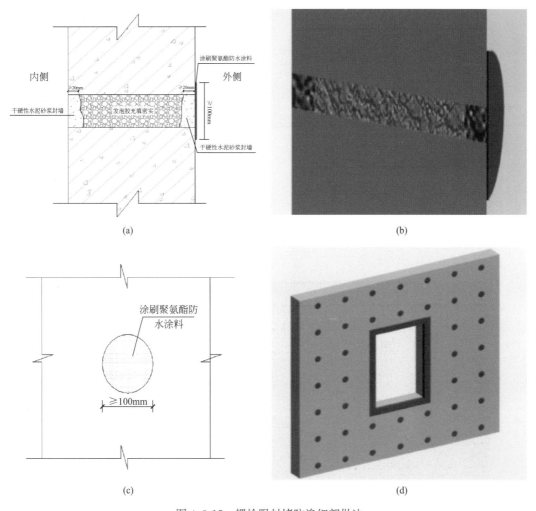

图 4.3-15 螺栓眼封堵防渗细部做法

7. 饰面砖填缝

（1）外墙饰面砖不得采用密缝，留缝宽度不应小于 5mm；一般水平缝宽度为 10～15mm，竖缝宽度为 6～10mm，凹缝勾缝深度一般为 2～3mm。勾缝通常有平缝、凹平缝、凹圆缝、倾斜缝、山形缝等几种形式。粘结层终凝后进行勾缝，勾缝材料的施工配合比及掺矿物辅料的比例要指定专人负责控制，勾缝时要视缝的形式使用专用工具。勾缝时宜先勾水平缝再勾竖缝，纵横交叉处要过渡自然，不能有明显痕迹（图 4.3-16、图 4.3-17）。砖缝要在一个水平面上，连续、平直、深浅一致、表面压光。饰面砖填缝后应及时将表面清理干净（图 4.3-18）。

（2）分格缝间距不宜大于 6m，分格缝宽度宜为 20mm。分格缝封堵材料宜选用耐候密封胶嵌缝，封堵严密，光滑平整，深浅及色泽一致，表面洁净（图 4.3-19、图 4.3-20）。

8. 外檐细部处理

（1）做好外墙预留洞或墙面突出物处饰面砖的排砖设计，要求饰面砖居中、对称（图 4.3-21、图 4.3-22）。宜采用整砖套割后套贴，套割缝口吻合，边缘整齐。圆孔宜采用专用开孔器来处理，不得采用非整砖拼凑镶贴。空调孔应上下整齐，成排成线。

图 4.3-16 外墙饰面砖勾缝（一）

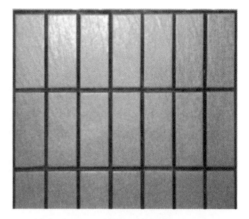

图 4.3-17 外墙饰面砖勾缝（二）

图 4.3-18 砖缝严密、平整、光滑、深浅及色泽一致

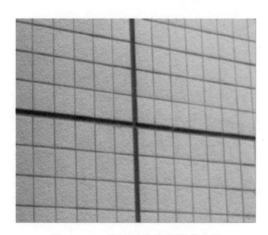

图 4.3-19 饰面砖分格缝顺直光滑

图 4.3-20 交点处封堵严密、美观

（2）饰面砖与涂料顶棚相交时，饰面砖应贴至距板底 20～30mm 处，预留空隙处进行涂料施工，以金属条分隔（图 4.3-23）。

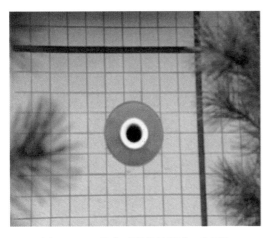

图 4.3-21 扩大面积整体居中（圆形）

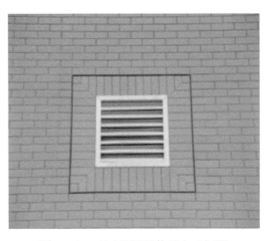

图 4.3-22 扩大面积整体居中（方形）

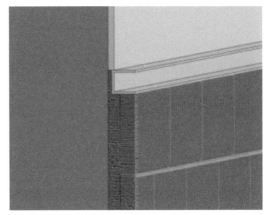

图 4.3-23 饰面砖与涂料顶棚交接处细部处理

4.3.5 实例或示意图

实例或示意图见图 4.3-24。

(a)

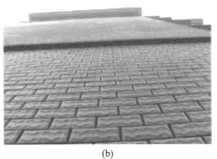

(b)

图 4.3-24 饰面砖墙面实例（一）

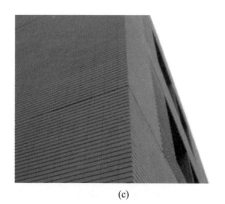

(c)　　　　　　　　　　　　　　　　　(d)

图 4.3-24　饰面砖墙面实例（二）

4.4　预制清水混凝土外墙挂板

4.4.1　适用范围

适用于预制清水混凝土外墙挂板、复合夹心清水混凝土外墙挂板。

4.4.2　质量要求

（1）预制清水混凝土外墙挂板施工前应进行深化设计，对外墙挂板排布进行优化，并对预埋件设置、安装连接构造、板缝设置、防水保温构造等内容进行深化设计。

（2）挂板安装应提前编制技术方案，技术方案应当经过必要的审批或专家论证。

（3）外挂板性能指标应符合设计要求。清水混凝土挂板应具有良好的表面平整度、光滑度以及较好的清水装饰效果，厚度均匀，无缺棱、掉角、破损变形等现象。严格控制蜂窝、气泡、麻面、裂缝、颜色不一等质量缺陷。各部位尺寸必须满足设计要求，尺寸误差不大于 2mm。

（4）外墙挂板的外露埋件和连接件，应采用热镀锌，厚度一般不低于 $80\mu m$。后置埋件应做拉拔试验，满足设计要求。

（5）接缝宽度符合设计标准 $20\pm5mm$，拼缝要求上下贯通不错缝。

（6）外墙防水要设置可靠防水构造，接缝处的打胶严密不渗漏。接缝施胶填充应均匀、饱满，填充密实，无气泡；密封胶的平均填充深度不低于 10mm。

（7）保温材料应符合设计要求，复试合格后方可使用，根据结构特点确定内保温做法（如框架柱处局部保温应在安装挂板前施工）。

（8）外挂板自身防雷系统贯通，外挂板自身防雷系统必须与主体结构的均压环进行可靠连接，并保证接地电阻符合设计要求。

（9）层间防火隔离措施。应采用 A 级防火材料，形成水平闭环，满足消防设计要求。

（10）安装完成后，对挂板有气泡、颜色不均等缺陷进行修复。

（11）保护剂膜层分为底层、中间涂层和罩面层 3 层进行施工，膜层应色泽均匀，平整光滑，无流坠、刷痕。各层施工间隔应符合产品自身要求。

4.4.3　工艺流程

定位放线→预埋件安装（后置预埋件增补）→安装转接件→挂板安装→防雷系统安装→层间防火系统安装→细部防水节点处理→板缝清理打胶→板面修复→保护剂涂刷。

4.4.4　精品要点

1. 外墙挂板的深化设计

（1）预制外墙挂板的高精度模具设计，满足设计要求。线角、坡面、转角弧面、结构构造节点、各类埋件的预埋应精准设计。

（2）装配式设计，满足最终构件组合安装的要求，包括门窗、夹芯保温、构件整体组合安装等工艺条件和各类吊装、运输、安装工况要求。

（3）混凝土设计，满足荷载、观感、耐久性以及装配式构件整体安装要求，包括高性能混凝土原材料、配合比、混凝土性能、混凝土构件表面防护方式。

（4）防渗漏构造措施：女儿墙收口挂板采用整板；结构设置企口防水构造；阳角采用"L"形板；窗口处应有滴水构造，与构件一体成型。

2. 外墙挂板安装

（1）外墙挂板吊装。

参照测量控制线控制精度，施工前放出轴线、内外控制线、大角控制线、标高控制线等。吊装时从两边向中间安装。预制构件应按照施工方案吊装顺序预先编号，每层外墙挂板吊装时应沿着外立面顺时针方向逐块吊装，不得混淆吊装顺序。

（2）转接件安装。

清水混凝土板块共设置4个与主体结构的连接点（上下各2个）和2个支撑点，每个连接点设置1个转接件。上下部转接件通过不锈钢螺栓与主体结构预埋件连接（图4.4-1）。

（3）外墙挂板安装校核要点：

① 每层板块吊装完成后须复核，每个楼层吊装完成后须统一复核，消除累积误差。

② 对预制外墙挂板侧面中线及板面垂直度进行校核时，应以中线为基准调整。

③ 对预制外墙挂板进行上下校正时，应以竖缝为基准调整。

④ 墙板接缝应以满足外墙平面平整为主。

⑤ 对预制外墙挂板山墙阳角与邻板进行校正时，应以阳角为基准调整。

⑥ 对预制外墙挂板拼缝平整度进行校核时，应以楼地面水平线为基准调整。

3. 外墙挂板防水措施

（1）横缝防水措施采用结构企口自防水，内侧使用发泡氯丁橡胶气密条（二道防水胶条），外侧由PE泡沫棒加硅酮耐候密封胶组成（图4.4-2）。

（2）竖缝防水措施采用结构通长空腔自防水，内侧使用发泡氯丁橡胶气密条（二道防水胶条），外侧由PE泡沫棒加硅酮耐候密封胶组成（图4.4-3）。

（3）防水条应在安装前进行实体安装试验，保证其在混凝土面上的粘结强度，外墙挂板就位时防止速度过快撞击相邻构件，避免防水条受到挤压脱开。

密封胶应充分搅拌均匀，搅拌时长为15min。施胶前应粘贴美纹纸，保护拼缝两侧板面不受污染。接缝施胶填充应均匀、饱满、填充密实，无气泡。密封胶的平均填充深度不

图 4.4-1 挂板底部转接件

低于 10mm。

4. 外墙挂板的保温及防火封堵施工

预制清水混凝土外墙挂板可以选择复合保温外墙挂板，其由混凝土板及内置的保温层通过连接件组合而成，同时具有外维护、装饰、隔热、隔声等功能。根据结构特点，确定

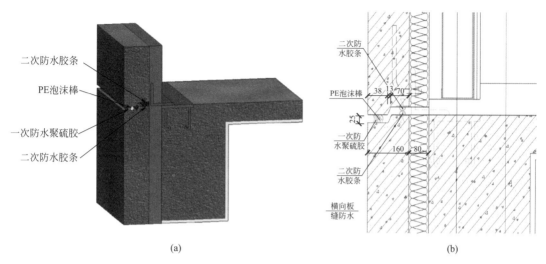

(a)　　　　　　　　　　　　　　　(b)

图 4.4-2　外墙挂板横缝防水构造

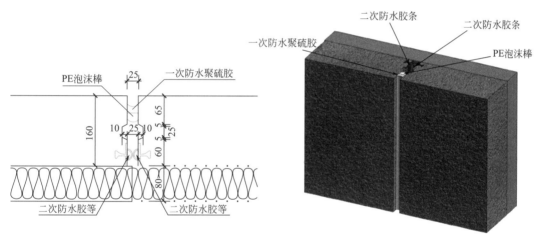

图 4.4-3　外墙挂板竖缝防水构造

内保温做法，局部挂板安装后无法进行内保温施工的部位，应先进行内保温的粘贴、安装工作。保温材料宜选择岩棉板、EPS 板、聚氨酯板等，且在层间采取有效的防火隔离措施，满足消防设计要求，同时便于施工，装修层则可以采用常规的室内装修做法（图 4.4-4、图 4.4-5）。

5. 外墙挂板饰面施工

（1）外墙挂板施工安装后要进行清水混凝土透明防腐保护处理，宜采用光触媒或水性氟碳着色透明保护剂以保证清水混凝土的长期耐久性和装饰性。如设计为涂料饰面，也可以选择耐久性较好的聚氨酯、氟树脂等外墙涂料，增加外墙挂板的装饰性。

（2）涂饰时应由上而下，分段分步的部位应在拼缝处。涂料涂刷前应混合均匀，涂刷时涂刷方向和行程长短一致。滚涂时直上直下，保证厚度、色泽一致。

外墙涂料分隔缝采用先弹线，再贴美纹纸，后打耐候胶的做法进行。

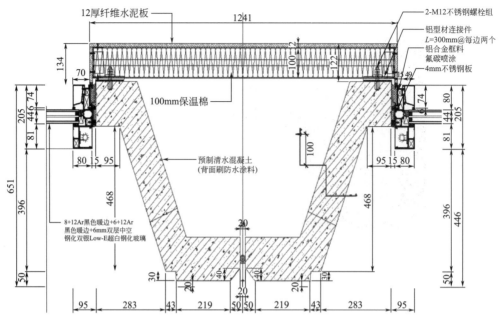

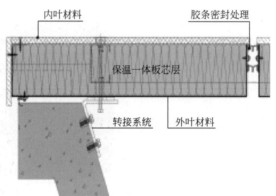

图 4.4-4　清水混凝土单元板块内保温

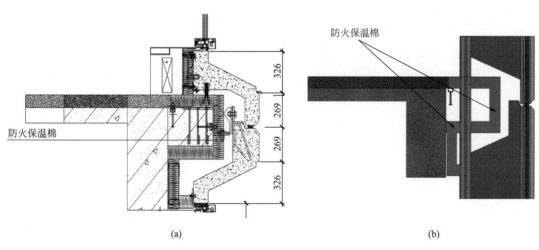

(a)　　　　　　　　　　　　　　　　　(b)

图 4.4-5　层间防火封堵

6. 窗口细部节点处理（图 4.4-6）

（1）在深化设计时，窗台处采用预制滴水，由构件厂直接浇筑成型。

（2）外窗在预制外墙板内侧安装，窗户四周打密封胶封闭。

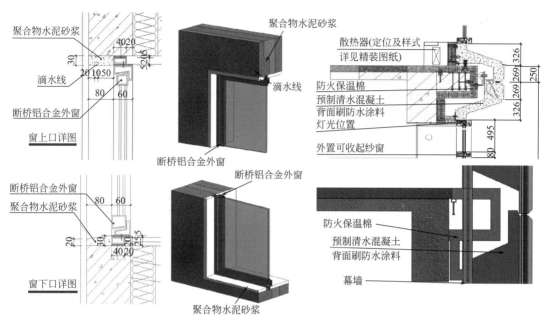

图 4.4-6　窗口细部节点处理

7. 防雷接地安装

防雷系统的引下线最后形成与主体结构接地装置可靠的连接。对于同时有引下线及均压环的楼层，外挂板自身防雷系统必须与主体结构的均压环进行可靠地连接；对于仅有引下线的楼层，外挂板自身防雷系统需水平、竖向贯通，并保证接地电阻符合设计要求（图 4.4-7）。

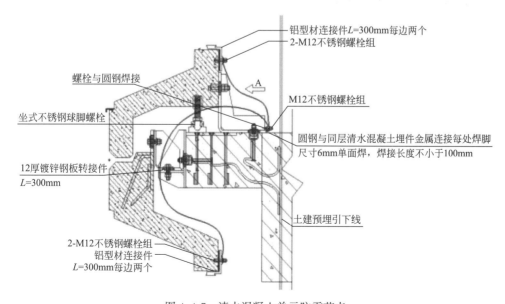

图 4.4-7　清水混凝土单元防雷节点

4.4.5 实例或示意图

实例或示意图见图 4.4-8。

图 4.4-8 预制清水混凝土外墙挂板

4.5 断桥铝合金门窗

4.5.1 适用范围

适用于 60、65、70、80 系列内平开下悬铝合金窗和 60 系列外平开铝合金窗。

4.5.2 质量要求

（1）门窗的品种、类型、规格、性能、开启方向、安装位置、连接方式及铝合金门窗的型材壁厚应符合设计要求。金属门窗的防腐处理及嵌缝、密封处理应符合设计要求。

① 主型材壁厚：外檐窗不应小于 1.8mm，外檐门不应小于 2.2mm。

② 钢副框一般为 20mm×40mm×1.5mm 镀锌方管，钢副框表面和内部应进行镀锌、

镀铬、镀镍等防腐处理。

③ 钢副框安装的固定连接件每边的连接数量不得少于 2 个，端头距窗框尺寸为 150～200mm，每个固定连接件的间距不大于 600mm，固定片固定点中心位置至墙体边缘距离不小于 50mm，如图 4.5-1、图 4.5-2 所示，所有固定件均为双面固定，以控制门窗平面变形。

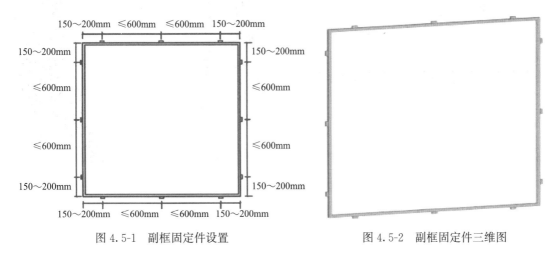

图 4.5-1　副框固定件设置　　　　　　　图 4.5-2　副框固定件三维图

（2）门窗必须安装牢固，并应开关灵活，关闭严密，无倒翘。推拉门窗扇必须有防脱落措施。

（3）门窗配件的规格型号、数量应符合设计要求，安装应牢固，位置应正确，功能应满足使用要求。

（4）门窗表面应洁净、平整、光滑、色泽一致，无锈蚀。大面应无划痕、碰伤。漆膜或保护层应连接。

（5）外门窗框或附框与洞口之间的间隙应采用弹性闭孔材料填充饱满，并进行防水密封。外门窗框与附框之间的缝隙应使用密封胶密封。

（6）下列部位必须使用安全玻璃：7 层及 7 层以上建筑物外开窗，面积大于 $1.5m^2$ 的窗玻璃或玻璃底边离最终装饰面小于 500mm 的落地窗，倾斜装配窗。

4.5.3　工艺流程

画线定位→披水安装→防腐处理→门窗安装就位→门窗固定→门窗框与墙体间隙处理→门窗扇及玻璃的安装→安装五金配件→检查验收。

4.5.4　精品要点

（1）密封胶采用三角形截面胶缝，截面宽度大于 8mm，饱满密实，表面应光滑、顺直、无裂缝。

（2）金属门窗扇的密封胶条或密封毛条装配应平整、完好，不得脱槽，交角处应平顺。

（3）排水孔应畅通，位置和数量应符合设计要求（图 4.5-3）。

（4）窗周密封严实，内外窗台做到内高外低，室内外窗外坡度合理（2%～5%）（图4.5-4、图4.5-6）。

图4.5-3　排水孔示意图

图4.5-4　室内外窗外坡度

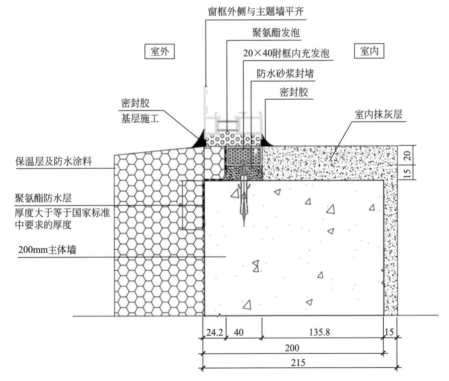

图4.5-5　窗口防水节点做法

4.5.5　实例或示意图

实例或示意图见图4.5-7。

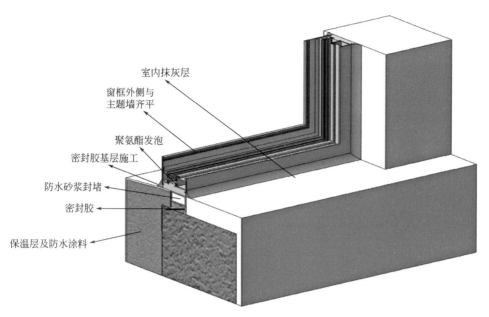

室内抹灰层
窗框外侧与主题墙齐平
聚氨酯发泡
密封胶基层施工
防水砂浆封堵
密封胶
保温层及防水涂料

图 4.5-6 窗口防水节点做法三维图

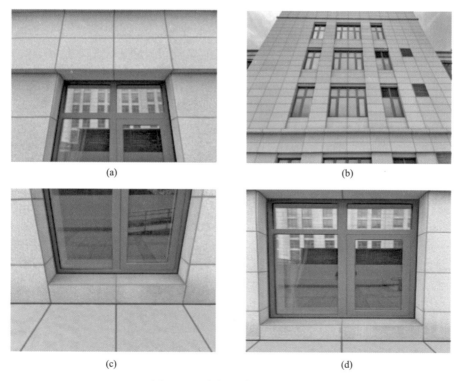

(a)

(b)

(c)

(d)

图 4.5-7 断桥铝合金门窗实例

4.6 雨篷节点

4.6.1 玻璃雨篷

1. 适用范围

适用于建筑室外不上人钢结构玻璃雨篷，即结构部分为钢结构、面板为玻璃的雨篷，包括纯悬挑式玻璃雨篷、钢结构上拉压杆式玻璃雨篷、钢结构上下拉杆式玻璃雨篷的施工。

2. 质量要求

（1）雨篷坡度合理，玻璃支撑构造不妨碍排水。

（2）雨篷玻璃缝隙、雨篷与主体结构之间的缝隙应采用耐候密封胶封闭，注胶饱满，缝宽一致，接缝严密。

3. 工艺流程

测量放线→后置埋件安装→钢结构制作→钢结构安装→连接受力拉索→接驳爪安装调整→防腐处理→玻璃安装→耐候胶密封→清理。

4. 精品要点

（1）结构施工时应根据策划后的外檐整体布局确定雨篷预埋件位置，进行精准定位，保证预埋件位置准确。

（2）支撑体系所选用的钢材应彻底清除表面铁锈、油污、氧皮等杂物，然后进行除锈处理。

（3）暴露在空气中的夹层玻璃边缘应进行密封处理，所有玻璃应进行磨边倒角处理。

（4）排水坡度应合理，符合设计要求。

（5）密封材料应使用硅酮结构密封胶、硅酮建筑密封胶，胶缝应均匀、连续、饱满、美观、无污染。

（6）钢结构雨篷的防雷装置应与主体结构的防雷体系有可靠的连接。

5. 实例或示意图

实例或示意图见图 4.6-1。

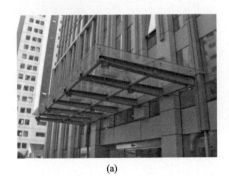
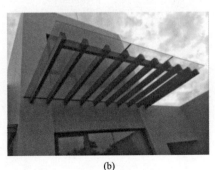

(a)　　　　　　　　　　　　　　　　(b)

图 4.6-1　玻璃雨篷实例

4.6.2 混凝土雨篷（抹灰）

1. 适用范围

适用于建筑室外采用卷材防水（涂膜防水）的悬挑板式钢筋混凝土雨篷、悬挑梁式钢筋混凝土雨篷面层装饰施工，以及纯悬挑式玻璃雨篷、钢结构上拉压杆式玻璃雨篷、钢结构上下拉杆式玻璃雨篷的施工。

2. 质量要求

（1）混凝凝土雨篷结构强度应满足规范要求，所采用的防水、保温隔热材料应有产品合格证和性能检测报告，材料的品种、规格性能等应符合现行国家产品标准和设计要求。

（2）抹灰层与基层之间及各抹灰层之间应粘贴牢固，无脱落和空鼓。

（3）防水层不得有渗漏现象。

（4）混凝土雨篷线角应顺直清晰美观（涂料面层），排砖合理美观（面砖面层）。

3. 工艺流程

测量放线→找平层施工→防水层施工→防水保护层施工→基层抹灰施工→面层施工（涂料面层或面砖面层）→滴水线施工→检查验收。

4. 精品要点

（1）雨篷设置不应小于1%的排水坡度，外口下沿应做滴水线（图4.6-2）。

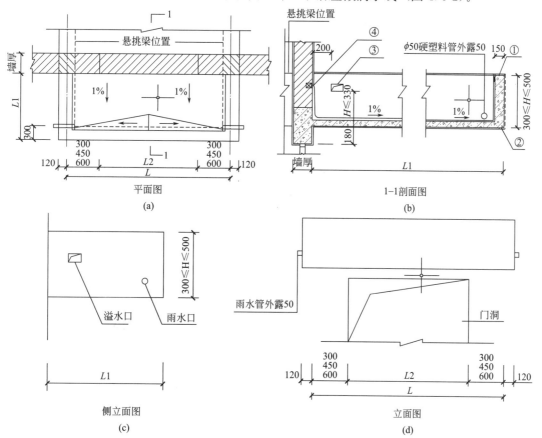

图 4.6-2 排水坡度，滴水线示意图

（2）雨篷滴水线应顺直整齐，位置适宜，槽的宽度、深度均应不小于 10mm，槽端距侧墙面宜控制在 20mm 以内，且同一建筑物的端距应一致。

（3）雨篷雨水管应设置在最低处，端头进行 45°倒角，雨水管外露 50mm。

（4）当雨篷混凝土栏板高度为 300mm～500mm 时，必须设置溢水口，溢水口向外侧找 1%的泛水（图 4.6-3～图 4.6-5）。

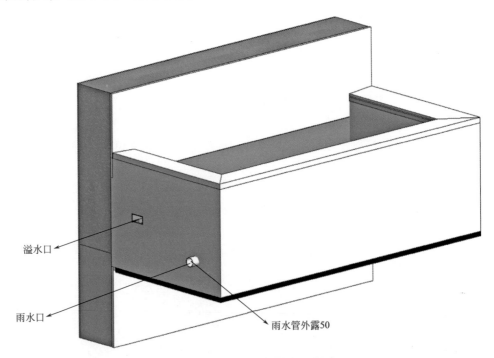

图 4.6-3　混凝土雨篷做法三维图

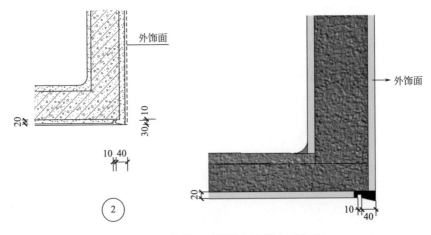

图 4.6-4　混凝土雨篷滴水线做法三维图

（5）防水高度 250mm，且在防水收口处压实、专用密封膏封严（图 4.6-6）。

（6）雨篷檐板与墙体之间的缝隙应采用耐候密封胶嵌缝，保证均匀美观。

（7）雨篷出墙位置一致。

（8）排砖对称，采用整砖（图 4.6-7）。

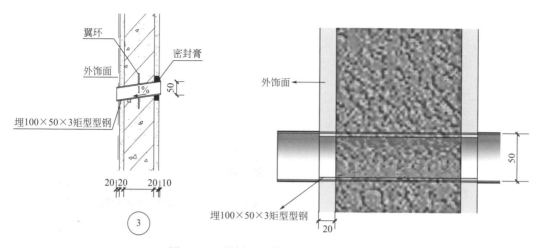

图 4.6-5 混凝土雨篷溢水口做法示意图

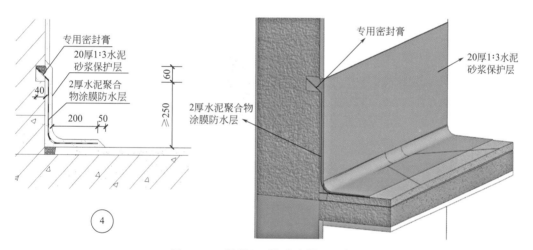

图 4.6-6 混凝土雨篷防水做法示意图

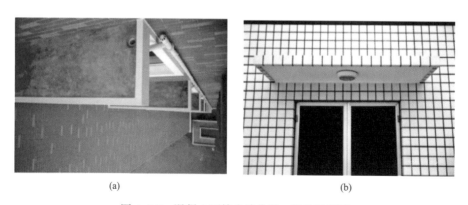

(a)   (b)

图 4.6-7 混凝土雨篷出墙位置、排砖示意图

5. 实例或示意图

实例或示意图见图 4.6-8。

(a)

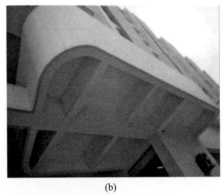
(b)

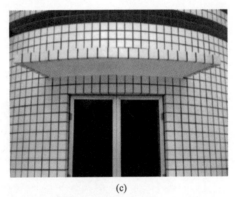
(c)

图 4.6-8　混凝土雨篷（抹灰）实例图

4.6.3　铝板雨篷

1. 适用范围

适用于建筑室外结构部分为钢结构、面层为铝板的雨篷施工。

2. 质量要求

（1）铝板质量、龙骨、密封胶性能符合设计要求。

（2）排版合理美观，挂贴牢固，表面平整，无色差。

（3）排水坡度合理。

3. 工艺流程

排版→搭设脚手架→测量放线→后置埋件安装→钢龙骨加工→钢龙骨安装→防腐处理→安装铝板→收口构造处理→清理。

4. 精品要点

（1）铝板雨篷四周宜采用整块裹角，两侧宽度不小于 300mm。

（2）接缝高低差允许偏差不大于 0.5mm，接缝直线度允许偏差不大于 2mm。胶缝均匀，嵌缝密实。

（3）与墙面、立柱交接处收头严密、平顺，铝板分块排布合理美观（图 4.6-9）。

 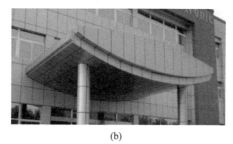

(a)　　　　　　　　　　　　　　　(b)

图 4.6-9　铝板雨篷铝板分块排布合理美观

5. 实例或示意图

实例或示意图见图 4.6-10。

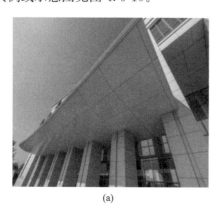 

(a)　　　　　　　　　　　　　　　(b)

图 4.6-10　铝板雨篷实例图

4.7　变形缝节点

4.7.1　抹灰和面砖墙面伸缩缝

1. 适用范围

适用于外檐装饰为涂料墙面、真石漆墙面、粘贴瓷砖。

2. 质量要求

（1）施工前应将基层清理干净，并将松散部分清除，确保基层与柔性材料粘贴密实。

（2）外墙变形缝根据使用要求做防水构造，外墙缝部位在室内外相通时，必须做防水构造。

（3）外墙变形缝的保温构造位置应与所在墙体的保温位置一致。

（4）止水带连接采用搭接，接合长度 10cm，在止水带接合部位上刷涂基层胶，待其干燥至不粘手时贴合、压平、压实。

（5）铝合金基座安装牢固、平整，固定铝合金基座螺栓间距应小于等于 400mm。

（6）滑杆件间距应小于等于 500mm，并视现场情况在两侧端部、拐角处个别地方加强，增加数量。

（7）保持整条缝的直线度，全长直线度应为±10mm/m，槽口两侧完成面保持在同一平面上。

3. 工艺流程

槽口预留及清理→清理完成后复核图纸尺寸、做法→伸缩缝内填充保温材料并固定牢固→粘贴止水带→安装铝合金基座及止水胶条→安装滑杆及盖板。

4. 精品要点

（1）保持伸缩缝扣板与外墙面台度一致，且分色清晰，线条垂直通顺。

（2）扣板与墙面之间打胶饱满且宽度一致，胶缝顺直。

（3）两块伸缩缝盖板交接处拼缝整齐严密，并打耐候密封胶。

（4）盖板外观应表面光洁、平整，不应有明显擦纹，端面平整。

5. 实例或示意图

实例或示意图见图 4.7-1～图 4.7-5。

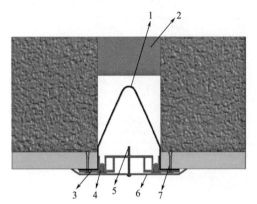
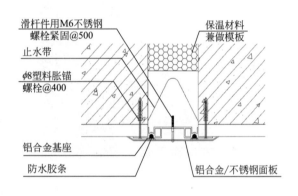

图 4.7-1　交接面平面变形缝做法

1—止水带；2—保温材料兼做模板；3—塑料胀锚螺栓；4—铝合金/不锈钢面板；
5—滑杆件用 M6 不锈钢螺栓紧固；6—防水胶条；7—铝合金基座

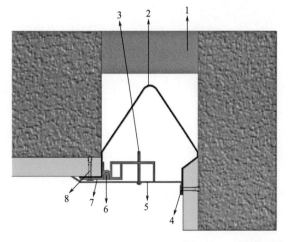
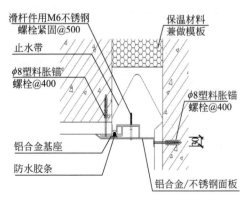

图 4.7-2　交接面垂直变形缝做法

1—保温材料兼做模板；2—止水带；3—滑杆件用 M6 不锈钢螺栓紧固；4—塑料胀锚螺栓；
5—铝合金/不锈钢面板；6—防水胶条；7—铝合金基座；8—塑料胀锚螺栓

图 4.7-3　贴砖墙面平面变形缝效果图

图 4.7-4　真石漆墙面平面变形缝效果图

4.7.2　石材幕墙、金属幕墙变形缝

1. 适用范围

适用于外檐装饰为石材幕墙、金属幕墙的变形缝。

2. 质量要求

（1）施工前应将基层清理干净，并将松散部分清除，确保基层与柔性材料粘贴密实。

（2）伸缩缝处石材幕墙、金属幕墙龙骨保持断开，并在伸缩缝两侧 30cm 内分别设置纵向主龙骨。

（3）外墙变形缝根据使用要求做防水构造，外墙变形缝部位在室内外相通时，必须做防水构造。

图 4.7-5　真石漆墙面交接面垂直变形缝效果图

（4）外墙变形缝的保温构造位置应与所在墙体的保温位置一致。

（5）止水带连接采用搭接，接合长度 10cm，在止水带接合部位上刷涂基层胶，待其干燥至不粘手时贴合，压平、压实。

（6）铝合金基座安装牢固、平整，固定铝合金基座螺栓间距应小于等于 400mm。

（7）滑杆件间距应小于等于 500mm，并视现场情况在两侧端部、拐角处个别地方加强，增加数量。

（8）保持整条缝的直线度，全长直线度应为 ±10mm/m，槽口两侧完成面保持在同一平面上。

3. 工艺流程

槽口预留及清理→清理完成后复核图纸尺寸、做法→伸缩缝内填充保温材料并固定牢固→进行龙骨及幕墙面层施工→止水条封堵→安装挂件及挂伸缩缝扣板→扣板与幕墙交界处打胶。

4. 精品要点

（1）保持伸缩缝扣板与石材幕墙、金属幕墙面台度一致，且分色清晰，线条垂直通顺。

（2）扣板与石材幕墙、金属幕墙面交接缝胶缝饱满、宽度一致、顺直。

（3）两块伸缩缝盖板交接处拼缝整齐严密，并打密封胶。

（4）伸缩缝盖板拼缝与石材幕墙、金属幕墙横缝贯通。

（5）盖板外观应表面光洁、平整，不应有明显擦纹，端面平整。

5. 实例或示意图

实例或示意图见图 4.7-6、图 4.7-7。

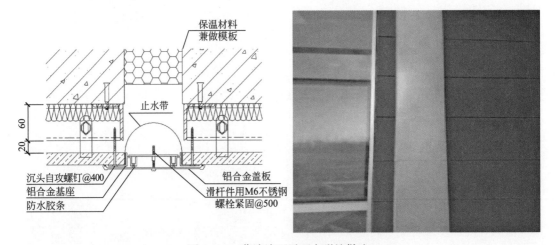

图 4.7-6 幕墙墙面平面变形缝做法

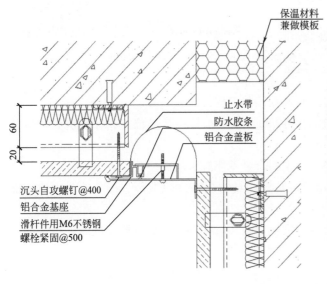

图 4.7-7 幕墙墙面垂直变形缝做法

4.8 饰面砖墙面散水（明、暗）

4.8.1 节点明散水

1. 适用范围

适用于面层材质为水泥砂浆、细石混凝土、花岗石板的室外明散水。

2. 质量要求

（1）散水变形缝、分隔缝设置及构造合理，分缝宽窄一致。

（2）散水坡向正确，外观线条顺直，棱角整齐，分色清晰，填缝深浅一致。

（3）散水表面平整、密实、光洁，无色差、空鼓、起砂、裂缝。

（4）散水下回填土密实度达到规范要求。

3. 工艺流程

排版→弹线定位→素土夯实→垫层施工→镶边→面层施工→嵌缝。

4. 精品要点

（1）散水下回填土严格按照标高及坡度要求施工（坡度为3‰～5‰），分层夯实，铺土厚度为200～250mm，分层夯实，避免下沉。

（2）散水应沿建筑物周边交圈设置，坡度为3‰～5‰。与墙面间应设变形缝，宽度20mm，横向及阴阳角转角45°线处宽15mm，沿厚度方向应贯通。

（3）变形缝分格缝间距不宜大于4m，采用聚乙烯泡沫板填塞，表面采用密封膏嵌缝。注意分隔缝要避开落水管出口处，防止雨水渗入基础。

（4）散水的宽度应根据土壤性质、气候条件、建筑物的高度和屋面排水形式确定，一般为0.6～1.0m。当屋面采用无组织排水时，散水宽度应大于檐口挑出长度0.2～0.3m。

（5）混凝土面层散水浇筑后随即用平板振捣器振捣密实，按照标高控制线找坡后检查平整度。待初凝前（表面仍湿润，但用手轻按已按不出手印）拆除侧模，取出分隔条，随即压光散水侧边，并用阳角镏子将散水外棱角镏直、压光，分格缝处棱角、侧边及分格缝内与散水的质量要求相同。浇筑完成12h后洒水养护不少于7d。

（6）带镶边散水可在四周垫层施工后镶贴条形玻化砖，镶边的宽度宜为50～80mm，镶贴时拉通线控制平整度和顺直度，镶边在转角部位应45°拼接严密，变形缝两侧应对称铺贴。镶边面标高应与散水面标高和坡向一致，对镶边进行保护后进行镶边内部的水泥面层施工。

（7）石材面层散水在变形缝两侧对称铺贴，表面洁净，转角处45°拼接，平立面对缝齐整，缝宽窄一致。

（8）对于降雨量较大的地区，散水应与建筑物室外排水沟连接，便于雨水快速排走，减少对散水的冲刷。

5. 实例或示意图

实例或示意图见图4.8-1～图4.8-14。

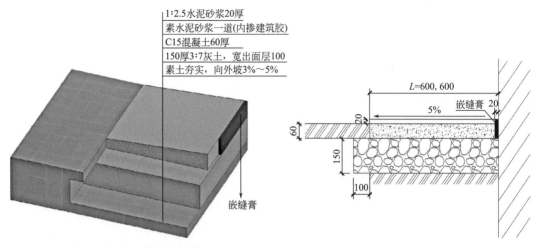

图 4.8-1　水泥砂浆面层散水构造做法示意图（三维）　图 4.8-2　水泥砂浆面层散水构造做法示意图

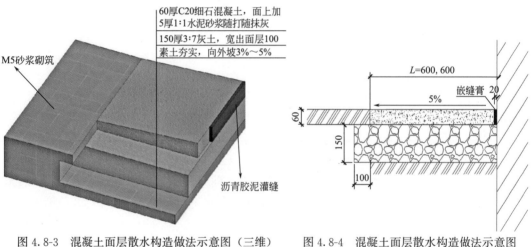

图 4.8-3　混凝土面层散水构造做法示意图（三维）　图 4.8-4　混凝土面层散水构造做法示意图

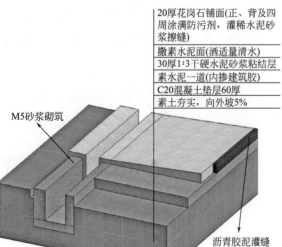
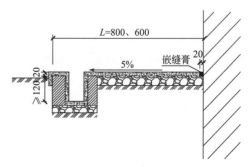

图 4.8-5　石材面层散水构造做法示意图（三维）　图 4.8-6　石材面层散水构造做法示意图

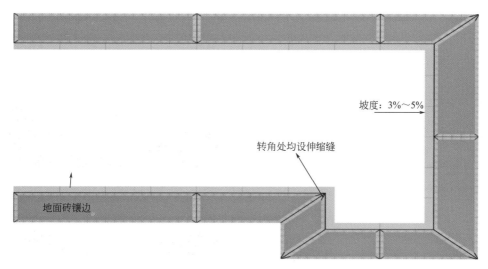

图 4.8-7 散水变形缝（周边、横向、转角）三维图

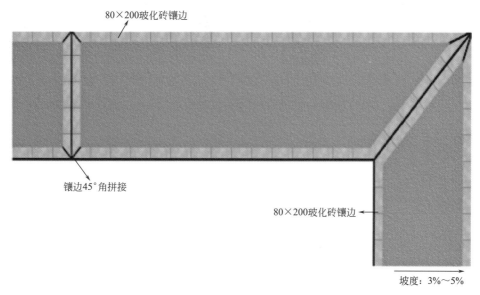

图 4.8-8 散水 45°镶边铺贴示意图

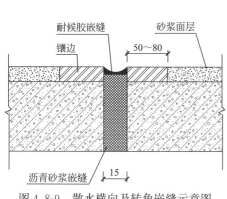

图 4.8-9 散水横向及转角嵌缝示意图

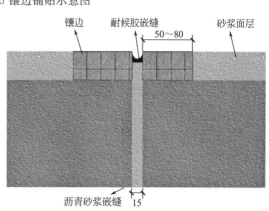

图 4.8-10 散水横向及转角嵌缝示意图（三维）

图 4.8-11　散水伸缩缝宽窄一致、填缝密实

图 4.8-12　散水镶边平整顺直、转角 45°拼接美观

图 4.8-13　混凝土散水实例图

图 4.8-14　石材散水实例图

4.8.2　暗散水

1. 适用范围

适用于建筑物外墙周围有绿化要求的种植散水，与明散水相比更为美观。

2. 质量要求

（1）混凝土表面无空鼓、开裂、起砂现象。

（2）密封材料嵌填必须密实、连续、饱满，粘结牢固。

（3）密封材料嵌入前，基层应清理干净，并保持干燥。

（4）回填土必须分层夯实，压实系数满足图纸或规范要求。散水变形缝、分隔缝设置及构造合理，分缝宽窄一致。

（5）散水下回填土密实度达到规范要求，散水上种植土回填层预留高度宜为 250～300mm。

3. 工艺流程

排版深化→素土夯实→弹线定位→垫层施工→面层施工→回填土→绿植施工土夯实→垫层施工。

4. 精品要点

（1）散水下回填土严格按照标高及坡度要求施工（坡度为 3‰～5‰），分层夯实，铺土厚度为 200～250mm。

（2）变形缝分格缝间距不宜大于 6m，采用聚乙烯泡沫板填塞，表面采用密封膏嵌缝。与勒脚（墙面）间变形缝需嵌缝密实，防止雨水渗入基础。

（3）种植散水沿墙面上翻至高出种植面60mm，阴阳角位置倒圆角，便于水流渗入并保护墙体分隔缝。

（4）在混凝土或砂浆垫层与细石混凝土面层间设耐根穿刺防水卷材，上翻至外墙保温层内，与防水层搭接并嵌缝密封，可避免外墙防水未做或失效造成的室内渗漏。

5. 实例或示意图

实例或示意图见图4.8-15、图4.8-16。

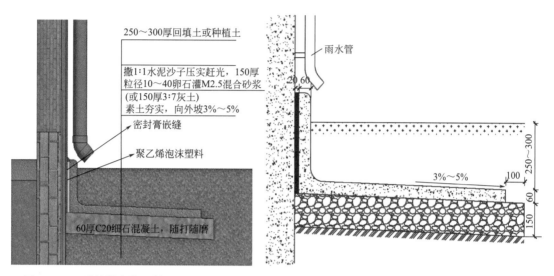

图4.8-15 种植散水构造做法示意图（三维）　　　图4.8-16 种植散水构造做法示意图

4.8.3 预制混凝土散水

1. 适用范围

适用于采用预制混凝土散水构件装配式施工的室外散水。

2. 质量要求

（1）预制混凝土散水构件应采用强度等级不小于C30的混凝土制作，振捣密实，养护不少于7d，吊装前构件混凝土强度为75%设计强度值。

（2）严格按照设计图纸的坡度、宽度、厚度要求加工，尺寸偏差在2mm以内。

（3）预制混凝土散水构件混凝土表面平整、色泽均匀，无扭曲变形，无色差、起砂、裂缝，阳角倒圆角。

（4）预制混凝土散水板块墙角、拐角处变形分格缝断缝宽窄一致，线形贯通顺直，柔性填缝材料密实。

3. 工艺流程

散水基层处理→散水垫层施工→弹线定位⌐

BIM深化排版→面层施工→预制混凝土构件加工及编号→预制混凝土构件运输→预制混凝土散水构件安装→分隔缝填充打胶。

4. 精品要点

（1）通过BIM技术深化排版，合理分块，做好铺装排版及编号，充分考虑与外立面装饰对缝整齐。

（2）预制混凝土散水构件安装前应将沟槽清理干净并夯实平整，提前进行外墙抹灰找平，墙面平整度误差在 5mm 以内，垂直度误差在 3mm 以内。

（3）预制混凝土散水吊装应遵循先阴阳角、后大面的施工顺序。吊装就位后，对构件水平、相邻构件平整度、高差、拼缝尺寸进行检查和调整，确保构件平整度偏差在 2mm 以内，相邻构件高差在 2mm 以内，接缝平直度偏差在 2mm 以内。

（4）散水安装时建筑物外墙表面及门口交接部位应留置 20mm 宽伸缩缝，应综合踏步、坡道、空调室外机基础外形尺寸和外墙砖分缝位置，确定其与散水交接处伸缩缝的位置，做到平/立面对缝齐整。

（5）预制混凝土散水在垫层伸缩缝处留 20mm，安装校正后，采用 PE 泡沫棒填充，表层采用硅酮密封胶封堵严密。

5. 实例或示意图

实例或示意图见图 4.8-17～图 4.8-20。

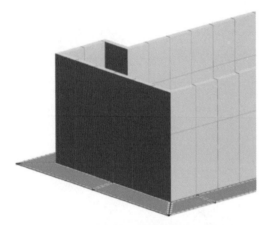

图 4.8-17　预制混凝土散水 BIM 排版示意图

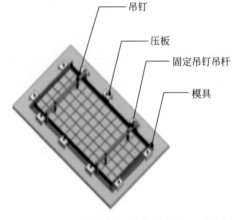

图 4.8-18　预制混凝土散水构件加工示意图

图 4.8-19　成型预制混凝土散水实例图

图 4.8-20　预制混凝土散水安装成型实例图

4.9 坡道节点

4.9.1 沥青面车行坡道

1. 适用范围

适用于有车辆出入的出入库车道或大型公共建筑入口处回车坡道。

2. 质量要求

（1）坡道施工前，应确认机电及消防专业管线、智能弱电安防系统等预埋正确。

（2）室外坡道纵向坡度不宜大于 1：10，当坡度大于 1：10 时，坡道应采取有效的防滑措施，并设置缓坡段。直线形坡道应设置横向坡度。

（3）坡道线条顺直，排水顺畅，无倒泛水和积水现象。坡道与地面、墙面交接处接顺。

（4）整体面层应洁净、平整、坚实，不应有裂纹、脱落、掉渣、推挤、烂边、粗细料集中、轮迹等缺陷。

（5）坡道结构附属于主体结构，产生非协同变形的部位应设置变形缝，变形缝设置应满足规范及设计要求。

（6）坡道上下端应按规范及设计要求设置有效截水措施。

（7）坡道照明设施应完善，设置科学合理。安全警示标牌设置应正确醒目。

3. 工艺流程

混凝土结构浇筑→基层处理→水泥基防水层→坡道两侧卧石施工→沥青摊铺→碾压→接缝处理→开放交通。

4. 精品要点

（1）坡道两侧为实体墙体时，墙体根部应设有防潮措施，防潮层应高出完成面300mm，抹灰面层不应采用混合砂浆（图 4.9-1）。

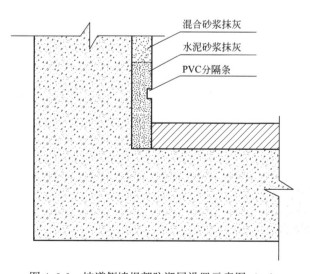

图 4.9-1 坡道侧墙根部防潮层设置示意图（一）

（2）直线形坡道混凝土结构浇筑时，应保证坡道横向坡度与完成面横向坡度一致。

（3）混凝土结构浇筑后，表面应做拉毛或拉纹处理。

（4）卧石安装标高即沥青面层完成面标高，安装时要求线条顺直，接缝平整，高差不应大于 0.5mm。

（5）压路机碾压应"紧跟、慢压、高频、低幅"。

（6）碾压后残留在卧石上的沥青料应及时清理，防止交叉污染，保证分界线顺直、清晰。

5. 实例或示意图

实例或示意图见图 4.9-2～图 4.9-6。

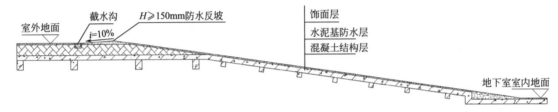

图 4.9-2　坡道侧墙根部防潮层设置示意图（二）

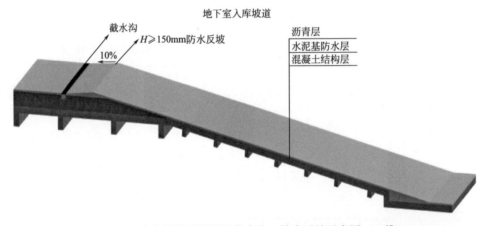

图 4.9-3　车库坡道顶部设置截水沟、挡水反坡示意图（三维）

 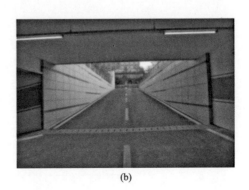

（a）　　　　　　　　　　　　　　　（b）

图 4.9-4　沥青面架空坡道实例图

图4.9-5 坡道顶部设置截水沟、挡水反坡实例图　　图4.9-6 环氧树脂坡道实例图（两侧排水沟）

4.9.2 石材无障碍坡道

1. 适用范围

适用于石材面坡度大于1∶20的无障碍坡道出入口。

2. 质量要求

（1）无障碍坡道施工应符合下列规定：

① 坡道宜设计成直线形、直角形或折返形。

② 无障碍出入口的坡道净宽度不应小于1.20m。

③ 坡道的高度超过300mm且坡度大于1∶20时，应在两侧设置扶手，坡道与休息平台扶手应保持连贯。坡度不大于1∶20时，应采用平坡坡道。

④ 坡道起点、终点和中间休息平台的水平长度不应小于1.50m。

⑤ 坡道临空侧应设置安全阻挡措施。

⑥ 坡道的最大高度和水平长度、扶手、无障碍标识应符合规范和设计要求。

⑦ 室外无障碍出入口地面滤水箅子的孔洞宽度不应大于15mm。

（2）基础应稳固密实，素土夯实不应采用湿陷性黄土处理。压实系数满足设计要求。

（3）石材板块无裂纹、缺棱、掉角等缺陷。

（4）坡道和休息平台线条顺直，排水顺畅，无倒泛水和积水现象。坡道与地面、墙面交接处接顺。

（5）石材饰面质量应保证其不露底、不泛碱、不空鼓、不翘曲、不打磨、不用小于半砖（板）。套割严密，缝隙均匀，勾缝平整光滑，交叉点勾缝呈十字花等。

3. 工艺流程

计算机深化排版→素土夯实→测量粗放线→灰土垫层→测量精放线→混凝土结构层浇筑→基层处理→水泥基防水层→石材铺贴→清理养护→防护安装。

4. 精品要点

（1）计算机深化排版时应将防护设施、给水排水、外墙、室外工程等专业联合起来，协同深化确认。

（2）依据深化图纸，石材加工时预留出防护设施连接件安装孔洞。

（3）填土夯实前需确认下穿各类管线、管道等隐蔽工序完成，位置正确，坡向正确。

（4）室外坡道与外墙门洞处应设有沉降缝（图 4.9-7、图 4.9-8）。

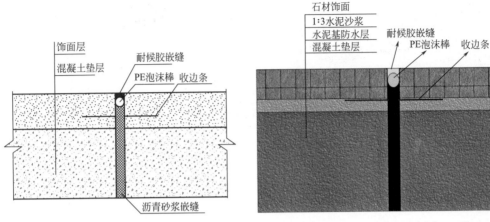

图 4.9-7　沉降缝示意图　　　　图 4.9-8　沉降缝示意图（三维）

（5）混凝土结构层浇筑后，表面应做拉毛或拉纹处理。

（6）基层处理后应涂刷水泥基防水涂料，如遇预埋管线、管道伸出坡面和平台面，预埋管线、管道四周应加强涂刷水泥基防水涂料。

（7）石材铺贴前应六面涂刷防污剂，施工过程中如进行二次切割或打磨，应及时补刷防污剂。

（8）石材背板水泥浆应满刮铺贴，采用齿刀拉出波浪纹。

（9）防护设施预埋件安装后应及时采用 C25 细石混凝土封闭预留孔洞。

5. 实例或示意图

实例或示意图见图 4.9-9。

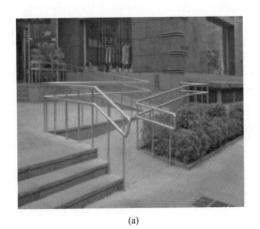

（a）　　　　　　　　　　　　　（b）

图 4.9-9　无障碍坡道实例图

4.10 室外台阶节点

4.10.1 适用范围

适用于回填土石材饰面室外台阶。

4.10.2 质量要求

（1）基础应稳固密实，素土夯实不应采用湿陷性黄土处理。压实系数满足设计要求。

（2）石材板块无裂纹、缺棱、掉角等缺陷。

（3）踏步应采取防滑措施，且牢固不易脱落不易磨损。

（4）台阶宽窄均匀，踏步高度差不大于5mm。台阶线条顺畅，坡向正确，不应出现倒泛水、积水现象。

（5）石材饰面质量应保证其对称、对线、不露底、不泛碱、不空鼓、不翘曲、不打磨、不用小于半砖（板）。套割严密，缝隙均匀，勾缝平整光滑，交叉点勾缝呈十字花等。

（6）室外台阶衔接主体结构易产生非协同变形部位应设置变形缝。

（7）台阶总高度超过0.7m时，应在临空面正确设置防护栏杆、挡脚等防护设施。

4.10.3 工艺流程

计算机深化排版→素土夯实→测量粗放线→灰土垫层→测量精放线→混凝土台阶浇筑→基层处理→水泥基防水层→石材铺贴→清理养护。

4.10.4 精品要点

（1）计算机深化排版时应将防护设施、给水排水、外墙、室外工程等专业联合起来，协同深化确认。

（2）填土夯实前需确认下穿各类管线、管道等隐蔽工序完成，位置正确，坡向正确。

（3）80mm（不包括踏步三角部分）C30混凝土浇筑台阶，踏步面和平台面设置0.5%向外流水坡度，表面做拉毛或拉纹处理。

（4）基层处理后应涂刷水泥基防水涂料，如遇预埋管线、管道伸出踏步面和平台面，预埋管线、管道四周应加强涂刷水泥基防水涂料。

（5）室外台阶平台部位与外墙门洞处应设有沉降缝。缝内采用环氧砂浆嵌缝，表面采用硅酮耐候胶密封（图4.10-1、图4.10-2）。

（6）石材铺贴前应六面涂刷防污剂，施工过程中如进行二次切割或打磨，应及时补刷防污剂。

（7）石材背板水泥浆应满刮铺贴，采用齿刀拉出波浪纹。石材铺贴完成后，应洒水养护，不得上人踩踏。

（8）防护栏杆高度不应低于1.05m，当可踏面宽度超过220mm且高度低于0.45m时，应从可踏面顶开始计算栏杆高度。

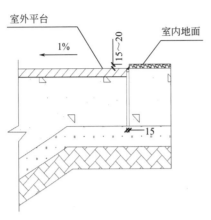

图 4.10-1　台阶平台沉降缝示意图

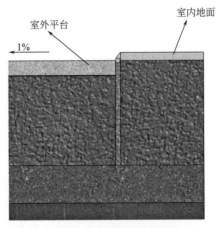

图 4.10-2　台阶平台沉降缝示意图（三维）

4.10.5　实例或示意图

实例或示意图见图 4.10-3～图 4.10-7。

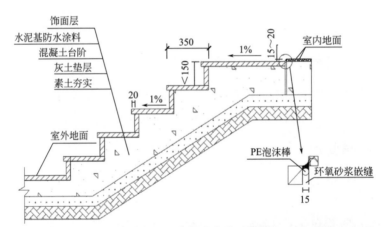

图 4.10-3　实铺式台阶示意图

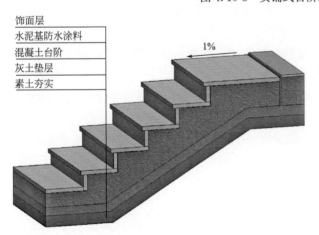

图 4.10-4　实铺式台阶示意（三维）

图 4.10-5　石材台阶实例图

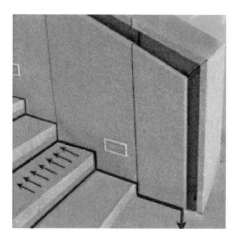

图 4.10-6　石材台阶与照明、排水协同深化实例图

图 4.10-7　石材台阶排水暗沟实例图

4.11　沉降观测点节点

4.11.1　固定式沉降观测点

1. 适用范围

适用于建筑外围墙体或柱上的明标水准标识。

2. 质量要求

（1）施工沉降观测点应于首层结构墙柱拆模后立即布设，施工沉降观测点转为永久沉降观测点应有相应转点记录。

（2）永久沉降观测点布设位置、数量符合设计及规范要求，且布设位置应避开雨水管、窗台线等有碍设标与观测的障碍物。

（3）埋入墙体或柱的观测杆，应采用直径不小于 20mm 的钢材，一般埋入深度不小于120mm，钢材外端要有 90°弯钩，顶端要加工成半球形并磨光。如果选用铜和不锈钢以外的钢材，点位还应做镀锌防腐处理。

（4）永久沉降观测点观测杆的布设高度和距离、离外墙体或柱的建筑完成面的尺寸应保持一致，观测杆离外墙体或柱的建筑完成面的距离宜为 70mm，观测杆的弯折高度宜为 50mm。

（5）永久沉降观测点点位穿过饰面材料处应采取合理措施与饰面材料有效脱开，避免沉降观测点点位与饰面材料间直接作用。

（6）永久沉降观测点标识应采用喷字或标牌形式，喷字或标牌布局统一、美观、规范。

3. 工艺流程

观测点形式确定→测点制作→定位钻孔→观测点安装→建筑饰面施工→标识牌安装→观测点保护。

4. 精品要点

（1）永久沉降观测点的观测杆埋设前需要结合外墙饰面做法对其点位及标识牌的定位、埋设标高、距离墙体建筑物完成面尺寸等方面进行整体策划与排版，标示清晰，位置准确。

（2）永久沉降观测点观测杆的外伸长度需要考虑相应的建筑饰面做法厚度。针对饰面层距离结构较远的部位，为保证沉降观测点能够真实反映主体结构的沉降效果，应于施工

图 4.11-1 沉降观测点外露示意图（三维）

过程中在竖向构件沉降观测点埋设部位设置刚性的水平悬挑构件作为沉降观测点观测杆的支座。

（3）永久沉降观测点的观测杆与饰面材料交接处应脱开，并留存适当的变形余量。饰面应采用圆形或方形不锈钢预制装饰盖进行收口，装饰盖与建筑采用柔性防水材料密封。

（4）对于外保温墙面，永久沉降观测点宜采用标注砖砌筑小井进行保护，小井顶部安装开口式不锈钢盖板；对于真石漆外墙、石材幕墙、铝板幕墙，永久沉降观测点宜采用顶部开口式的不锈钢防护罩（图 4.11-1～图 4.11-3）。

图 4.11-2 沉降观测点保护示意图（三维）

图 4.11-3 沉降观测点保护井示意图（三维）

5. 实例或示意图

实例或示意图见图 4.11-4～图 4.11-7。

4.11.2 可拆卸式沉降观测点

1. 适用范围

适用于建筑外围墙体或柱上的暗标水准标识。

2. 质量要求

（1）可拆卸式沉降观测点的套管或暗埋盒应在结构混凝土浇筑之前埋设，当采用后期植入的方式时，套管或暗埋盒周边应采用水泥或锚固剂填充。套管或暗埋盒应埋设稳固。

图 4.11-4 沉降观测点不锈钢预制装饰盖

图 4.11-5　点位及标识牌排布美观

图 4.11-6　马蹄形沉降观测点防护罩

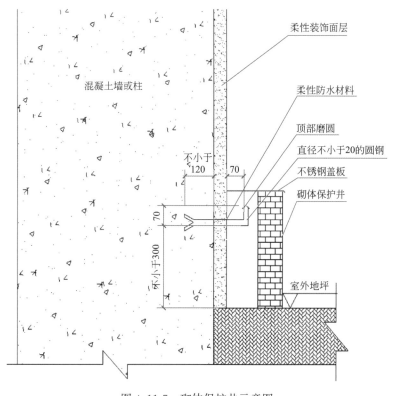

图 4.11-7　砌体保护井示意图

（2）套管或暗埋盒埋设位置应准确，数量符合要求，埋设位置应避开雨水管、窗台线等有碍设标与观测的障碍物。

（3）埋入混凝土结构内的套管或暗埋盒应进行防锈处理。

（4）所有沉降观测点套管或暗埋盒的布设高度应保持一致，点号标识应采用喷字或标牌形式，喷字或标牌布局统一、美观、规范。

3. 工艺流程

观测点形式确定→观测点套管制作→预埋定位→结构混凝土浇筑→建筑饰面施工→套管端部装饰收口→标识牌安装。

4. 精品要点

（1）沉降观测点套管或暗埋盒埋设前需要结合外墙饰面做法对其点位及标识牌的定位、埋设标高、距离墙体建筑物完成面尺寸等方面进行整体策划与排版，宜与防雷接地测试点平行相邻设置。

（2）沉降观测点套管端部应设置防尘盖，防尘盖上应设置排气孔。

（3）沉降观测点的可拆卸式螺杆应有刻度标记，确保每次观测的操作误差最小。

（4）沉降观测点采用定制的标识牌进行装饰及保护。

5. 实例或示意图

实例或示意图见图 4.11-8～图 4.11-10。

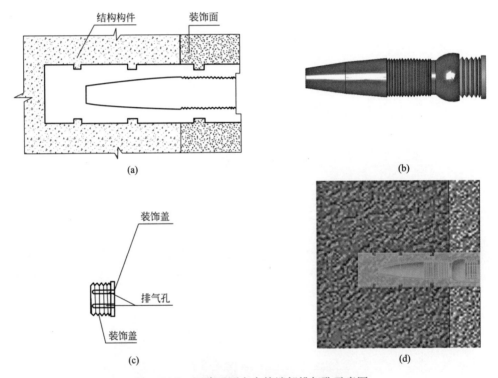

图 4.11-8　沉降观测点套管端部排气孔示意图

图 4.11-9　可拆卸式沉降观测点排气孔示意图（三维）

图 4.11-10　可拆卸式沉降观测点示例图

第5章

电气设备工程

5.1 电梯机房安装

5.1.1 适用范围

适用于曳引式电梯机房工程（图 5.1-1）。

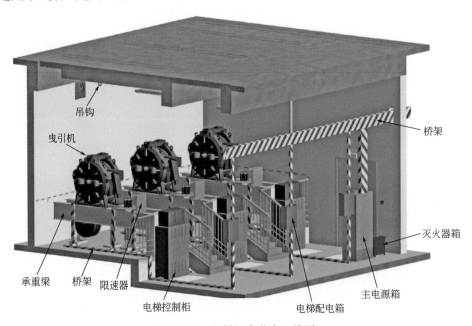

图 5.1-1 电梯机房节点三维图

5.1.2 一般质量要求

（1）吊钩材料及加工尺寸正确，安装牢固，位置正确，在承重梁或吊钩上标明最大允许荷载，限吊标识清晰，成排的标识设在同一侧。

（2）机房内不应有与本室无关的管道通过。设有适当的通风设施，禁止将建筑物其他处抽出的陈腐空气直接排入机房内。机房内应配备应急照明、防鼠、灭鼠设施及火灾探测器和适用于扑灭电气设备着火且在合格有效期内的灭火器材。

（3）线槽、线管敷设应横平竖直、整齐、牢固，接口严密，槽盖齐全，平整无翘角。

（4）有多部电梯时，其控制柜应分别与对应主机做相应标识。

（5）所有电气设备及导管、线槽的外露可导电部分必须可靠接地；接地支线应分别直接接至接地干线接线柱上，不得互相连接后再接地。

5.1.3 工艺流程

预留孔洞校验→吊钩加工、安装→曳引机安装→控制柜安装→防护栏安装→线槽、线管安装→接地连接。

5.1.4 精品要点

（1）洞口预留（图 5.1-2）

① 钢丝绳的孔洞四周筑有比楼板或完工后地面至少高 50mm 的圈框。

② 曳引钢丝绳、限速器钢丝绳与楼板孔洞每边间隙均应为 20～40mm。

③ 钢丝绳的孔洞四周筑有比楼板或完工后地面至少高 50mm 的挡台。

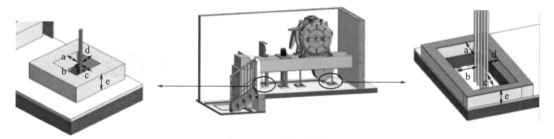

图 5.1-2 洞口预留

注：20mm≤a/b/c/d≤40mm；e≥50mm

（2）吊钩加工、安装（图 5.1-3～图 5.1-5）

① 根据图纸设计尺寸加工吊钩，吊钩严禁采用冷加工钢筋。依据《施工图结构设计总说明（混凝土结构）》12SG121—1，吊重不大于 3t，吊钩规格为 1ϕ22，吊重为 4t，吊钩规格为 1ϕ25。

② 安装吊钩，设置于梁中心线处，依据设计要求加密箍筋，每侧不少于 2 个直径同梁箍筋间距 50mm。吊钩与梁筋骨架绑扎牢固，确保浇筑混凝土后吊钩顺直。

③ 机房内粉刷完毕后，用砂纸打磨光滑，涂刷红色警示漆。

④ 粘贴限吊标示，依据设计荷载值标示到位。

（3）曳引机安装

① 曳引主机承重梁，在曳引机底座安装时，安装减振垫（图 5.1-6）。

图 5.1-3 吊钩等装后整体示意图

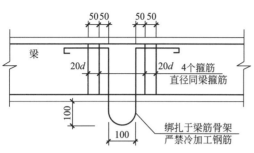

图 5.1-4　吊钩详图

图 5.1-5　吊钩标识

② 承重梁安装时，禁止切割钢梁，损伤工字钢立筋。埋入承重墙内的曳引机承重梁，其支撑长度应超过墙厚中心 20mm，且不应小于 75mm，安装完毕后，要刷防锈漆并做接地保护（图 5.1-7）。

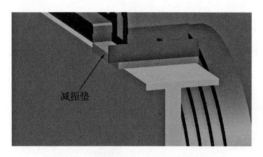

图 5.1-6　电梯曳引主机减振垫安装

图 5.1-7　电梯曳引机承重梁安装

（4）控制柜安装

① 每台电梯都应单独装设能切断该电梯所有供电电路的主开关。

② 电梯机房主电源开关安装位置应能从机房入口处方便、迅速地接近与操作，且多台主开关的操作机构应易于识别，并均应进行标注以便区分。

③ 控制柜安装位置应保证有足够的操作空间。

（5）护栏安装

① 在同一机房内，当有两个以上不同平面的工作平台，且相邻平台高度差大于 0.5m时，应设置楼梯或台阶，并应设置高度不小于 0.9m 的安全防护栏（图 5.1-8）。

② 机房需采用梯子进入时，梯子的净宽度不应小于 0.35m，其踏板深度不应小于25mm。对于垂直设置的梯子，踏板与梯子后面墙的距离不应小于 0.15m。

（6）其他

① 机房门宽度不应小于 0.6m，高度不应小于 1.8m，且门不得向房内开启，并应在门的外侧设有简短字句的须知标识（图 5.1-9）。

② 工作区域、机器设备区间和安装有控制柜的滑轮间，应安装永久性电气照明，其地面上的照度不应小于 200lx。未安装控制柜的滑轮间，在滑轮附近应有不小于 100lx 的照度。照明设备不应安装在曳引机的正上方（图 5.1-10、图 5.1-11）。

③ 动力线与控制线应该分开敷设。线槽内导线总截面面积不应大于槽内净截面面积的 60%，线管内导线总截面面积不应大于管内净截面面积的 40%。

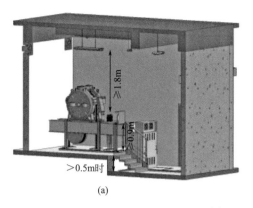

(a)

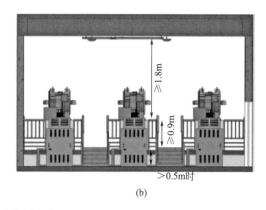

(b)

图 5.1-8 防护栏安装

图 5.1-9 电梯房门标识

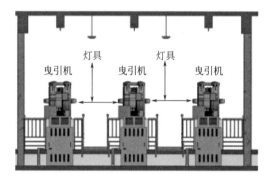

图 5.1-10 机房照明示意图

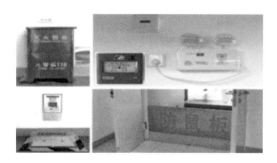

图 5.1-11 机房内应急照明、消防、防鼠、灭鼠设备

5.2 接地装置测试点

5.2.1 适用范围

适用于建筑物防雷接地、保护接地、工作接地、重复接地及屏蔽接地装置测试点安装。

5.2.2 质量要求

（1）接地装置在地面以上的部分，应按设计要求设置测试点，测试点不应被外墙饰面遮蔽，且应有明显标识。

（2）在主体结构施工至地面以上时，在设计要求的引下线处，利用 ϕ12 镀锌圆钢与防雷引下线可靠焊接，并随墙柱结构暗敷至接地测试点端子箱安装位置附近，再采用 40mm×4mm 的镀锌扁钢与圆钢可靠焊接并准确地引入至测试点端子箱位置处（图 5.2-1）。

（3）在玻璃幕墙上安装接地装置测试端子时，与幕墙专业提前对接，确定端子箱安装位置，玻璃加工订货时预留相应洞口。安装端子箱前，先用 40mm×40mm×4mm 镀锌角钢制作固定端子箱的支架，将两端焊接在幕墙的主龙骨上，再按标高和事先确定的位置安装测试端子箱，最后将接地母线引至箱内。

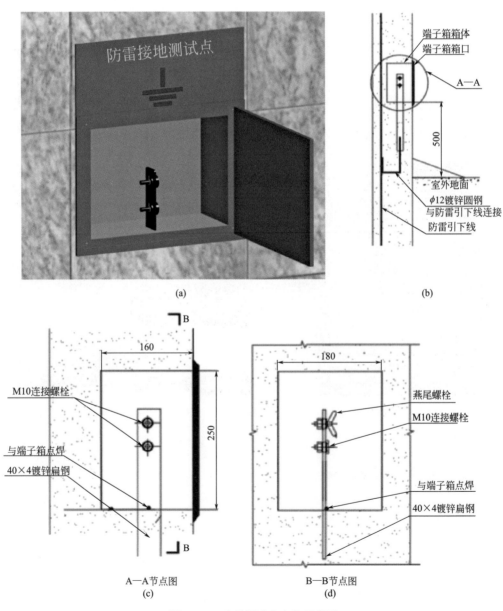

图 5.2-1　防雷测试点安装示意图

5.2.3 工艺流程

端子箱安装→接地扁钢跨接→防锈漆、面漆涂装→测试点螺栓安装。

5.2.4 精品要点（图5.2-2～图5.2-4）

（1）接地测试点采用的端子箱箱门上应有接地标识、"接地测试点"文字标识、端子箱编号，箱体和箱门应与扁钢进行可靠电气跨接，箱门装锁。

（2）测试点不应被外墙饰面遮蔽，当端子箱安装处的外墙柱装饰面为干挂石材时，端子箱应安装于干挂石材面上。

（3）测试点箱盒宜在开孔、接缝部位进行防水密闭，与土建装饰分隔缝相协调。

（4）测试点的测试用蝶形螺母、紧固螺母、螺栓平垫、防松垫应安装齐全。或另加一条一端压铜耳子的编织软铜线，长度能引出盒外100mm即可。

（5）预留扁钢在引入测试点端子箱内前应先开好孔，开孔直径不得小于10mm；进入端子箱后，扁钢侧面与建筑面垂直、安装端正，扁钢根部与端子箱点焊固定，扁钢开孔处应安装不小于10mm的燕尾螺栓，平垫、弹垫齐全。

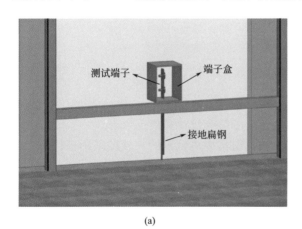
(a)

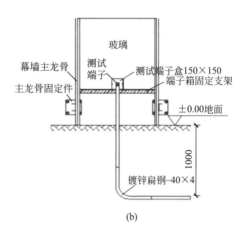
(b)

图5.2-2 幕墙防雷接地测试点安装示意图

（6）接地装置测试点

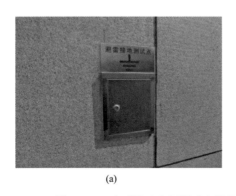
(a)

(b)

图5.2-3 防雷接地电阻测试点箱盖与土建装饰面贴合严密，标识清晰

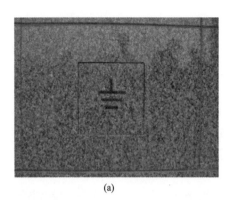

图 5.2-4　防雷测试点安装示意图

5.3　幕墙防雷

5.3.1　适用范围

适用于幕墙防雷。

5.3.2　质量要求

（1）幕墙的防雷设计应符合《建筑物防雷设计规范》GB 50057 及设计图纸的要求。

（2）施工完成后，防雷检测的接地电阻值，必须符合设计和规范要求。

（3）当设计无要求时，防雷网、防雷引下线、防雷接地装置的焊接要采用搭接焊，搭接长度应符合：

① 扁钢与扁钢搭接为扁钢宽度的 2 倍，不少于三面施焊。

② 圆钢与圆钢搭接为圆钢直径 6 倍，双面施焊。

③ 圆钢与扁钢搭接为圆钢直径的 6 倍，双面施焊。

④ 扁钢与钢管、扁钢与角钢焊接，紧贴角钢外侧两面，或紧贴 3/4 钢管表面，上下两侧施焊。

⑤ 除埋设在混凝土中的焊接接头外，有防腐措施。

⑥ 幕墙与建筑物防雷引下线连接处应做好标识。

5.3.3　工艺流程

幕墙防雷设计→结构件预埋→预埋部位交接检查→幕墙防雷施工→防雷检测。

5.3.4　精品要点

（1）一类防雷建筑物 30m 以上，二类防雷建筑物 45m 以上，三类防雷建筑物 60m 以上设均压环。幕墙金属龙骨首末端及间隔 12m、金属门窗、外墙上的金属栏杆应和防雷预埋件、均压环连接，以防侧击雷。

（2）幕墙金属框架和主体结构的防雷装置的连接应紧密可靠，应采用焊接或机械连接，形成导电通路。不同材质连接时，应防止电化学反应。

（3）连接点水平间距不应大于防雷引下线的间距。垂直间距不应大于均压环的间距。建筑物的金属结构、金属设备及竖直敷设的金属管道均应连到引下线或均压环上。

（4）所有金属框架应互相连接，形成导电通路。连接材料的材质、截面尺寸、连接长度、连接方法必须符合设计要求。连接接触面应紧密可靠，不松动。幕墙龙骨需采用导线作电气通路连接的，其导线采用铜线应不小于 $6mm^2$；用铝板连接铝质龙骨时，截面应不小于 $16mm^2$。

（5）女儿墙压顶罩板宜与女儿墙部位的幕墙构架连接，女儿墙部位的幕墙构架与防雷装置的连接节点宜明露。

（6）分包工程的干挂石材、玻璃幕墙防雷检测记录，归入总包档案。

5.3.5　实例或示意图

（1）结构预埋、主龙骨施工如图 5.3-1 所示。

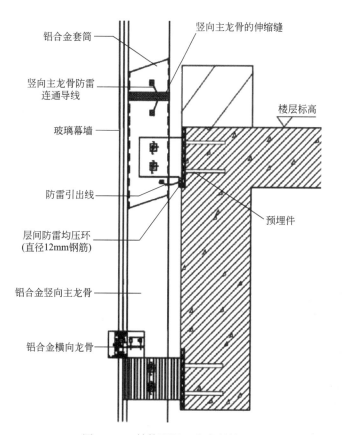

图 5.3-1　结构预埋、主龙骨施工

（2）防雷接地跨接线如图 5.3-2 所示。

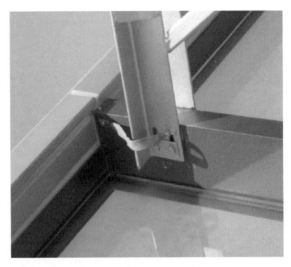

图 5.3-2　防雷接地跨接线

5.4　配电箱柜安装

5.4.1　适用范围

适用于所有配电箱柜、用电设备的施工。

5.4.2　一般质量要求

（1）安装在屋面的配电箱柜必须是防水型专用室外箱柜，箱柜距屋面高度符合设计要求，且标高一致。

（2）箱体表面涂层完整、均匀、无污染，铭牌齐全。

（3）箱内设 N 排、PE 排，N 线、PE 线经汇流排接入，导线入排应顺直、美观，标识清晰。装有电器元件的可开启门、门和金属框架的接地端子间应选用截面面积不小于 $4mm^2$ 的黄绿双色绝缘铜芯软导线连接，且有标识（图 5.4-1）。

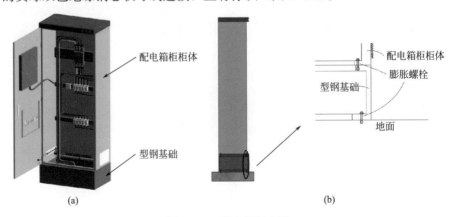

(a)　　　　　　　　　　　　　　　　　(b)

图 5.4-1　配电箱柜安装

5.4.3 工艺流程

配电柜基础施工→型钢基础制作与安装→接地扁铁引出→柜体安装→接地与回路标识→柜体周圈打密封胶→通电试运行。

5.4.4 精品要点（图5.4-2、图5.4-3）

（1）基础槽钢要立放、禁止卧放，要有明显可靠的接地。接地扁钢分叉直接焊在槽钢的可视部位不少于两处。槽钢基础与地面间、槽钢基础与柜体间应打胶封闭，防止水进入。

（2）屋面设备旁的等电位接地排预埋位置应一致，与电动机壳体连接的导线应采用黄绿相间的铜芯绝缘软导线。

（3）进入配电柜的导管排列整齐，出地面的高度一致，不低于50mm。进出箱柜开口与导管管径匹配，并应套丝带根母（$\phi 50$ 及以下管径）且有护口，不从侧面进线。

（4）导线与电器元件连接时，端部应绞紧、不松散、不断股，其端部可采用不开口的终端端子或搪锡。

（5）每个设备和器具的端子接线不应多于两根，不同截面的两根导线不得插接于一个端子内。导线连接时，不得断芯线，剥切绝缘层应注意剥切的长度，以插接后能见芯线0.5～1mm为最佳。

（6）接线端子距金属门较近时，应加装防火绝缘挡板。

（7）带有电气元件的箱柜门的导线应采用多芯铜芯绝缘软导线，敷设长度留有余量；线束宜有外套塑料管等加强绝缘层，可转动部位的两端用卡子固定，箱柜门内侧张贴电气系统图。

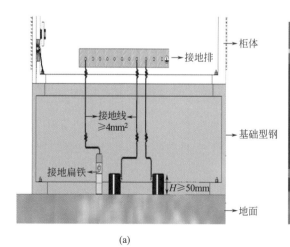

(a)

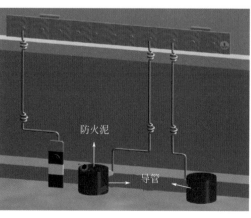

(b)

图5.4-2 柜内接地、接线示意图

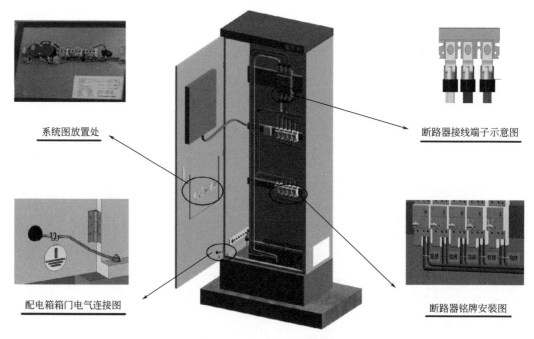

系统图放置处

断路器接线端子示意图

配电箱箱门电气连接图

断路器铭牌安装图

图 5.4-3　相序、标识三维图

5.5　屋面风机安装

5.5.1　适用范围

适用于上人平屋面（屋面砖），混凝土设备基础，风管材质为镀锌钢板、风机减振为弹簧复合减振器的风机及其附属管路、防雷接地施工。

5.5.2　一般质量要求

（1）设备基础的大小、位置、标高应与风机规格型号匹配，与屋面砖排布、分隔缝协调一致。

（2）设备基础的防水卷材应包裹基础上部，基础装饰抹灰应达到高级抹灰标准，并不得污损设备机减振装置。设备基础泛水弧度自然，与面层交界处应留缝，嵌缝密实，处理精细，不得积水。

（3）风机安装位置应正确，配套阀门部件齐全，减振器选用合理，与基础固定牢固，界面清晰，运行平稳（图 5.5-1、图 5.5-2）。

（4）风管材质、规格、厚度应符合要求，安装顺直，接口严密；风管及阀部件支架设置合理，安装牢固，涂饰均匀；支架应设置防水台。

（5）风管穿墙处应有防水措施，接口处理清晰，密封严密。

（6）屋面风机、风管及阀部件等外露可导电部分应就近与接闪器或引下线进行电气连接。

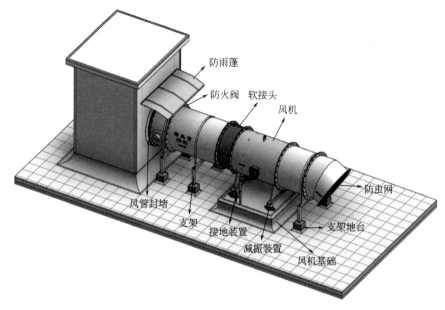

图 5.5-1 风机安装节点三维图

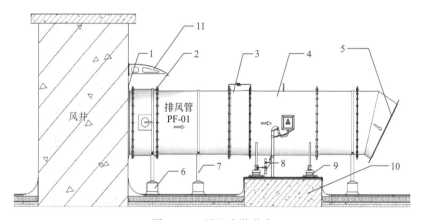

图 5.5-2 风机安装节点

1—风管封堵；2—防火阀；3—软接头；4—风机；5—防虫网；6—支架地台；

7—风管支架；8—接地装置；9—减振装置；10—风机基础；11—防雨篷

（7）电气系统热镀锌导管管口护口、防水弯头和柔性金属软管应敷设规范。

（8）屋面风机及风管系统标识设置应便于观察，系统名称、编号应齐全，介质流向正确，文字清晰。

（9）每一分项施工前均应弹线定位，施工完成后应进行检查验收，合格后方可进行下一道工序。

5.5.3 工艺流程

深化设计→定位放线→设备电源金属导管敷设→接地线敷设→混凝土设备基础施工→防水层施工→防水保护层施工→装饰面层施工→风管支架预制安装→风机减振器安装→风

机及阀部件安装→防雷等电位联结→单机试运行。

5.5.4 精品要点

1. 设备基础（混凝土基础）

（1）屋面设备基础施工前需整体策划，设备基础尺寸在满足设备安装的基础上可根据屋面排砖情况进行适当调整，确保成排成线，整砖排布。

设备基础防水卷材应包裹设备基础上部，阴角部位应增加防水附加层，每边铺设宽度不少于250mm。

（2）设备安装膨胀螺栓穿透防水层时，应在膨胀螺栓处用防水密封膏进行密封处理。

（3）设备基础根部应抹成圆弧（圆弧半径为100mm），以免存水。

（4）装饰层的上表面应与设备支座的减振垫平齐，并设置不小于3%的排水。

（5）设备基础与屋面砖交界处应留缝，使用弹性密封材料（可采用密封胶）嵌缝，缝隙宽度应与屋面砖分格统筹考虑，胶缝应均匀、连续、饱满、美观、无污染（图5.5-3、图5.5-4）。

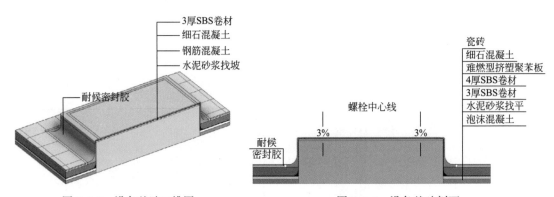

图5.5-3 设备基础三维图　　　　图5.5-4 设备基础剖面

2. 减振器安装（图5.5-5、图5.5-6）

（1）屋面风机减振器安装定位准确，平正垂直。减振器压缩量均匀一致，不得偏心，不得被覆盖或污染，减振器的平面标高允许偏差不大于2mm。风机与减振器连接紧固，并有防松动措施。减振器与风机及基础连接螺杆应涂黄油加强防腐，并加设防护帽。

（2）屋面风机减振器采用膨胀螺栓与基础连接，减振器应安装在基础防水和装饰面之上，并做好防水密封处理。

（3）排烟系统与通风系统共用且需设置减振装置时，不应使用橡胶减振装置。

（4）排烟风机应设在混凝土或钢架基础上，且不应设置减振装置；若排烟系统与通风空调系统共用且需要设置减振装置时，不应使用橡胶减振装置。

3. 风机及阀部件安装（图5.5-7～图5.5-10）

（1）屋面安装的风机的规格型号、位置、标高应符合设计要求。风管与风机应采用软连接，风机应采取有效的减振措施，风机配套的阀部件齐全。

（2）风阀调节机构及风管进出户位置应安装挡雨装置。

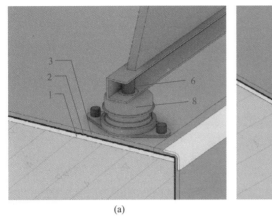
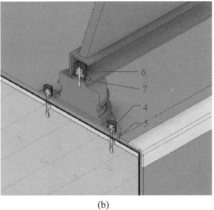

(a)   (b)

图 5.5-5 风机减振器安装示意图

1—水泥砂浆保护层；2—防水层；3—水泥砂浆保护层；

4—膨胀螺栓；5—密封膏；6—防护帽；7—弹簧垫片；8—阻尼弹簧减振器

图 5.5-6 减振器安装压缩均匀一致

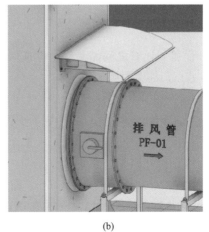

(a)   (b)

图 5.5-7 风机安装示意图

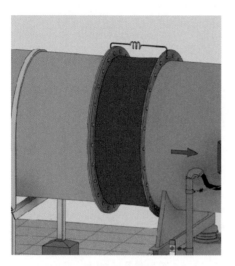
图 5.5-8　风机软接头松弛适宜

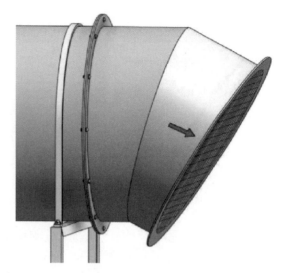
图 5.5-9　防虫网斜下安装

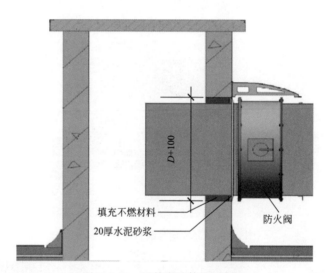
图 5.5-10　风管穿墙体收口剖面

（3）设备与风管之间需采用柔性连接，两边法兰应平行，不错位，柔性连接管长度为150～300mm，并应松弛有度。

（4）风机出口应斜下 30°～45°，并应安装镀锌钢丝网防护，丝网孔径不应大于 1cm。

（5）风管穿越墙体时，风管外壁与结构之间空隙采用 50mm 厚不燃材料填实，建筑装饰面使用水泥砂浆或与风道面层装饰相匹配的材料收口，封堵严密。

（6）风管连接时，法兰螺母应在同一侧，且螺丝长度应一致，所有固定螺栓应安装螺母。风管法兰垫料厚度宜为 3～5mm，垫料与法兰平齐，不得挤入管内。

4. 支架安装（图 5.5-11～图 5.5-13）

（1）屋面风管支架根部应设置混凝土防水台，防水台规格与屋面砖协调（整砖），排布整齐。防水台顶部应有 3% 坡度，防水台与支架及屋面交接处应采取密封措施。

（2）门形支架制作时应采用机械切割和开孔，支架焊接应采用 45°斜接，焊缝应饱满均匀，支架安装时应排布整齐，型钢朝向一致。支架应涂刷面漆，漆膜厚度均匀，色泽光亮。大于 DN630 防火阀应设置单独支架。

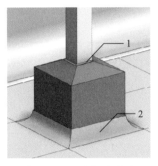
图 5.5-11　支架防水台
1—上部防水胶；2—根部防水胶

图 5.5-12　门形支架排布
整齐，型钢朝向一致

图 5.5-13　风管连接
采用 45°角焊接

5. 配电及防雷接地

（1）热镀锌导管的位置敷设于设备电源侧，其出地面的高度与设备电源端高度相等（图 5.5-14）。

（2）电源金属导管管口处装设防水弯头，加装柔性金属软管引入设备电源端，长度不应大于 0.8m，两端采用专用锁扣锁紧（图 5.5-15）。

（3）接地线预留预埋在风机设备电源金属导管同一侧，接地线热浸镀锌扁钢双孔及以下的高度应为 100mm，双孔以上的高度应为 200mm（图 5.5-16）。

图 5.5-14　热镀锌导管的位置

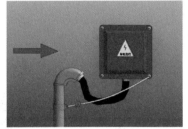
图 5.5-15　柔性导管两
端采用专用锁扣锁紧

图 5.5-16　接地扁钢双孔
以上高 200mm

（4）热镀锌导管、支架、电动设备及电动执行机构的外露可导电部分、通风管道及其软接处等就近、分别与保护导体可靠连接，采用螺栓连接，镀锌平光垫和弹簧垫齐全。

5.6　灯具安装节点

5.6.1　适用范围

适用于屋面所有景观灯、航空障碍标识灯等。

5.6.2　质量要求

（1）屋面景观灯、航空障碍标识灯等室外装饰灯具应注意安装质量，确保防水性能良好，且应有维修和更换光源的措施。

（2）安装景观照明灯具、航空障碍标识灯具等时，其金属构架及金属保护管应分别与保护导体采用焊接或螺栓连接，连接处应设置接地标识。

（3）航空障碍标识灯安装位置应符合设计要求，灯具的自动通、断电源控制装置应动作准确。

5.6.3　工艺流程

灯具检查→ 组装灯具→ 灯具安装及接线→ 通电试运行。

5.6.4　控制要点

（1）安装、固定灯具的装置时应按要求做好防腐处理，避免其受雨水侵蚀后锈水污染建筑物外墙。

（2）屋面景观灯具管路按照明管敷设，具有防雨功能。管路间、管路与灯头盒之间采用螺纹连接，金属导管及固定灯具的金属构架等可接近裸露导体接地可靠。

（3）对于安装在屋面接闪器保护范围以外的航空障碍标识灯具，需要采用有效措施，保证其正常工作和室外环境下的维修安全（图 5.6-1）。

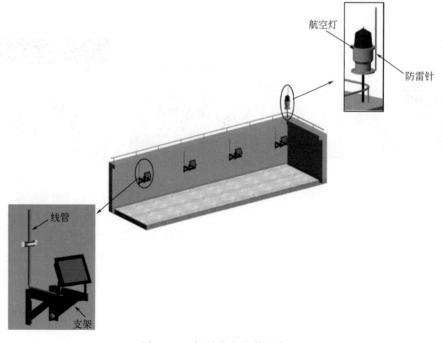

图 5.6-1　灯具节点安装示意图

5.7 太阳能热水器安装

5.7.1 适用范围

适用于屋面集中式太阳能热水器吸热板及机组安装。

5.7.2 质量要求

（1）安装在屋面的太阳能集热器应规则有序、排列整齐，与屋面建筑协调统一。

（2）集热器基座不应损坏建筑物结构、不应破坏屋面、墙面等部位的防水保温层。集热器的支架与基座应安装牢固，支架油漆色泽光亮，接地可靠。

（3）集热器规格型号符合设计要求，连接间隙、安装角度与位置应定位正确，与支架连接牢固。

（4）集热器系统管路材质、规格、厚度、坡度符合设计要求，安装顺直，接口、保温严密，支吊架与阀部件设置合理，安装牢固。

（5）集热器与循环水箱、贮热水箱、管道及附属设备连接完毕后，系统应运转可靠、稳定，易于维护。压力表、温度计、传感器、电磁阀显示及动作正常，管道保温严密、系统无渗漏。

5.7.3 工艺流程

基础及支架安装→集热器安装→集热循环水箱及贮热水箱安装→管道及附属设备安装→调试运转。

5.7.4 控制要点

1. 设备基础（混凝土支墩）

安装在屋面的太阳能集热器与主体结构通过预埋件连接，预埋件应在主体结构施工时埋入，预埋件位置应准确。当没有条件采用预埋件连接时，应采用其他可靠的连接措施，采取抗风措施（图 5.7-1）。

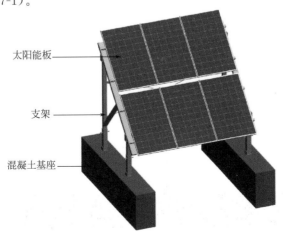

太阳能板

支架

混凝土基座

图 5.7-1 集热器安装轴测图

2. 支架安装

（1）集热器支架采用型钢与预留基座进行螺栓连接时，螺栓应安装螺母（图 5.7-2）。

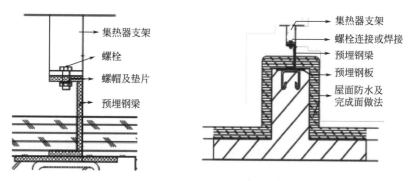

集热器支架
螺栓
螺帽及垫片
预埋钢梁

集热器支架
螺栓连接或焊接
预埋钢梁
预埋钢板
屋面防水及
完成面做法

图 5.7-2　支架与基础连接示意图

（2）太阳能热水系统的支架及其材料应符合设计要求。集热器支架采用钢管或型钢与预留基座进行焊接时，焊缝应饱满、光滑、无渣。

图 5.7-3　支架连接采用 45°角焊接

（3）支架制作时应采用机械切割和开孔，支架焊接应采用 45°斜接（图 5.7-3），焊缝应饱满均匀，支架安装应排布整齐，型钢朝向一致。

（4）支架应根据现场条件采取抗风措施。其抗风能力应达到设计要求。

（5）钢结构支架焊接完毕，应做防腐处理，支架应涂刷面漆，漆膜厚度均匀，色泽光亮。

3. 集热器安装

（1）太阳能集热器的朝向、倾角及前后左右距离应符合设计要求，安装倾角误差为 ±3°（图 5.7-4、图 5.7-5）。

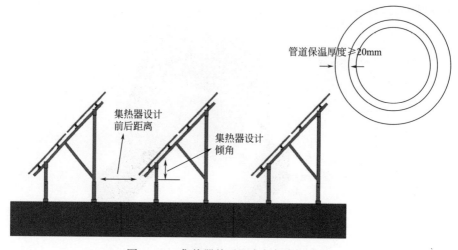

管道保温厚度≥20mm

集热器设计
前后距离

集热器设计
倾角

图 5.7-4　集热器前后距离与倾角示意图

图 5.7-5 集热器排布美观

（2）集热器与集热器之间应按照设计规定的连接方式连接，保证密封可靠，无泄漏，无扭曲变形。集热器之间的连接件，便于拆卸和更换（图 5.7-6、图 5.7-7）。

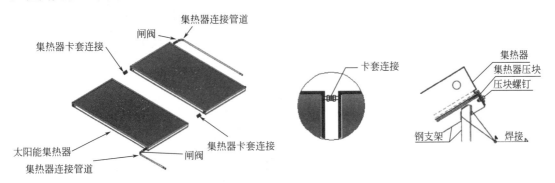

图 5.7-6 集热器系统组成示意

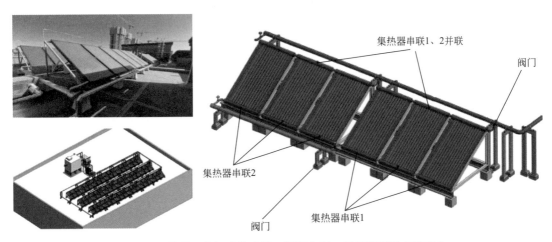

图 5.7-7 管道、支架成排成线、保温美观，阀门及管道支架齐全

183

（3）集热器之间的连接管应进行保温，保温层厚度不小于20mm，在寒冷地区运行的，保温层应当加厚。

（4）设备配管安装

① 管路及配件的材料应与设计要求一致，直线段过长的管路应按设计要求设置补偿器。

② 容易发生故障的设备及附件两端应采用法兰或活接头连接，以便维修更换。

③ 阀门的安装方向应正确，并应便于更换。

④ 严寒和寒冷地区以水为介质的室外管路，应采取防冻措施。

（5）防雷接地

支撑太阳能热水系统的钢结构支架应与建筑物接地系统可靠连接。钢结构支架焊接完毕，应做防腐处理。

5.7.5 实例或示意图

实例或示意图见图5.7-8。

(a)　　　　　　(b)　　　　　　(c)

(d)　　　　　　(e)　　　　　　(f)

图5.7-8　太阳能集热器安装实例

5.8 消防水泵接合器

5.8.1 适用范围

适用于室内消火栓给水系统设置消防水泵接合器的各类场所。

5.8.2 质量要求

（1）系统必须经水压试验合格。

（2）在竣工前，必须对消防管道进行冲洗。

（3）消防水泵接合器的安装，应按接口、本体、连接管、止回阀、安全阀、放空管、控制阀的顺序进行，安全阀及止回阀安装位置和方向应正确，阀门启闭应灵活。

（4）消防水泵接合器永久性固定标识应能识别其所对应的消防给水系统或水灭火系统，当有分区时应有分区标识。

（5）严格控制墙壁消防水泵接合器的安装距地高度和地下消防水泵接合器进水口与井盖底面距离。

5.8.3 工艺流程

施工准备→管道安装→消防水泵接合器安装→管道水压试验→管道冲洗→井壁等处理→检查验收。

5.8.4 精品要点

（1）水泵接合器应设置永久性标识铭牌，并应标明供水系统、供水范围和额定压力。

（2）墙壁消防水泵接合器的安装高度距地面宜为 0.7m，与墙面上的门、窗、孔、洞等的净距不应小于 2m，且不应安装在玻璃幕墙的下方（图 5.8-1）。

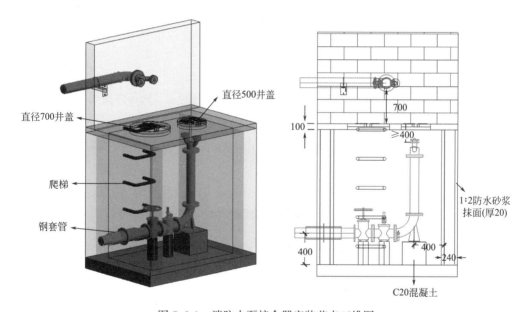

图 5.8-1 消防水泵接合器安装节点三维图

（3）地下消防水泵接合器的安装应使进水口与井盖底面的距离不大于 0.4m，且不应小于井盖的半径。

（4）地下消防水泵接合器井的砌筑应有防水和排水措施。

（5）寒冷地区井内应做防冻保护。

（6）水泵接合器应设在室外便于消防车使用的地点，且距室外消火栓或消防水池的距离不宜小于 15m，并不宜大于 40m。

（7）消防水泵接合器与消防通道之间不应设有妨碍消防车加压供水的障碍物。

5.9 消防水箱间

5.9.1 适用范围

适用于各种类型屋面消防水箱间内高位消防水箱、稳压设备、配套管路及阀部件的施工。

5.9.2 质量要求

（1）消防水箱及其水位显示装置、稳压设备的安装位置应正确、牢固，接地可靠，便于日常使用及维护。

（2）消防水箱的溢流管、泄水管不与生产或生活用水的排水系统直接相连。

（3）消防水箱进水管、出水管安装的阀门应有"启闭"指示标识，消防水箱和稳压设备的出水管上还应设置止回阀。

（4）稳压设备的减振措施不应选用弹簧减振器。

（5）寒冷地区非供暖房间的消防水箱及其附属管路应采取可靠的防冻措施。

（6）管道安装前应清除内部污垢和杂物，并根据管道材质选择适合的施工工艺。

（7）消防水箱满水试验和管道的试压、冲洗试验应符合规范要求。

5.9.3 工艺流程

设备基础施工→型钢支架预制→设备安装（图5.9-1）→管道、阀部件安装→功能性试验。

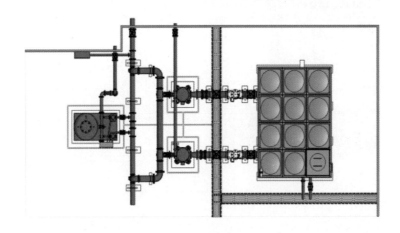

图5.9-1　消防水箱间安装节点三维图

5.9.4 精品要点

1. 高位消防水箱安装（图5.9-2～图5.9-7）

（1）消防水箱及稳压设备的基础应按选型后的设备外形尺寸施工，基础定位必须考虑为设备检修预留通道,基础预埋板应安装牢固。设备外围应有可靠的有组织排水设施。

(2)水箱基础应放在承重结构上,水箱槽钢底座应满足设备承重要求并按水箱外形尺寸加工,与基础预埋板焊接牢固,安装平整。

(3)消防水箱四周应有检修通道,无管道的侧面,净距不宜小于0.7m;安装在有管道的侧面,净距不宜小于1.0m,且管道外壁与建筑本体墙面之间的通道宽度不宜小于0.6m;设有人孔的池顶,顶板面与上面建筑本体板底的净空不应小于0.8m,拼装水箱底与所在地坪的距离不宜小于0.5m。

(4)消防水箱的人孔宜密闭,通气管、溢流管应有防止昆虫或小动物爬入的措施。设置的钢丝网网罩应为不锈钢或其他耐腐蚀材料制作,网罩网孔为14~18目,水箱高度大于等于1500mm时,应设内、外人梯。

(5)消防水箱的满水试验应静置24h观察,不渗不漏。

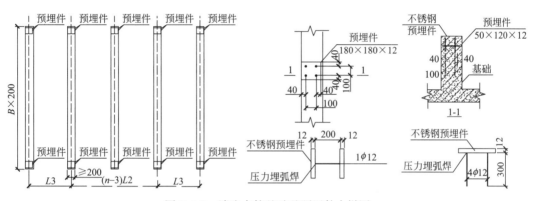

图5.9-2 消防水箱基础及预埋件大样图

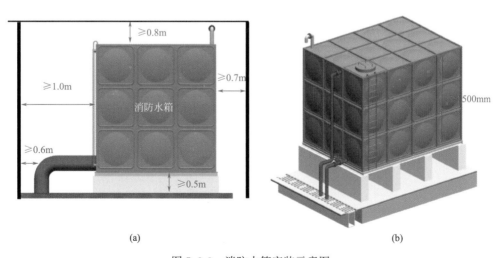

(a)   (b)

图5.9-3 消防水箱安装示意图

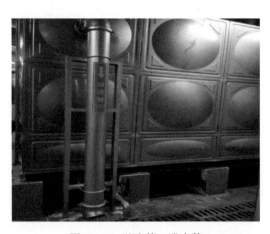

图 5.9-4　溢流管、泄水管

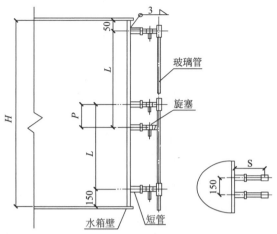

图 5.9-5　玻璃管液位计安装大样图

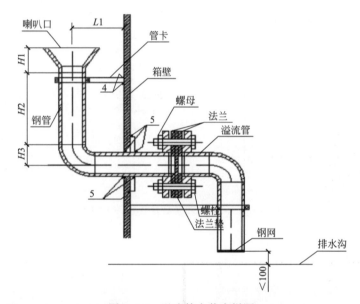

图 5.9-6　溢流管安装大样图

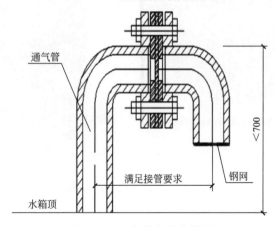

图 5.9-7　透气管安装大样图

2. 稳压罐、稳压泵等成套设备安装

（1）稳压设备四周应设检修通道，其宽度不应小于 0.7m，设备顶部至楼板或梁底的距离不宜小于 0.6m（图 5.9-8）。

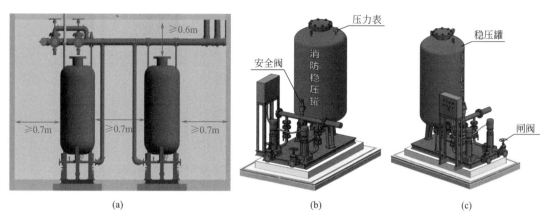

(a)　　　　　　　　　　(b)　　　　　　　　　　(c)

图 5.9-8　稳压设备安装示意图

（2）稳压设备与基础应牢固连接，不得选用弹簧减振器，安全阀宜设于气压罐一侧，应对安全阀设于管路系统上的设备与消防给水系统连接侧加装止回阀。

（3）稳压泵吸水管应设置明杆闸阀，稳压泵出水管应设置消声止回阀和明杆闸阀。

3. 水管及阀部件安装

（1）进水管的管径应满足消防水箱 8h 充满水的要求，但管径不应小于 DN32，进水管宜设置液位阀或浮球阀。

（2）消防水箱的进出水管接头宜采用法兰连接；液位计下端应设有放水旋塞阀，当水位计较长时，应设置防护套或分段设置；消防水箱的溢流管、泄水管不与生产或生活用水的排水系统直接相连，应做有效的空气隔断；水箱及管道保温平整美观，无污染及破损，水箱底部保温不得遗漏（图 5.9-9、图 5.9-10）。

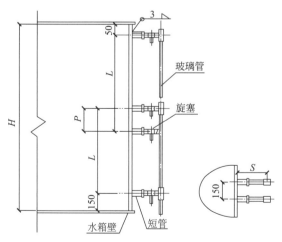

图 5.9-9　玻璃管液位计安装大样图

图 5.9-10　溢流管、泄水管配管示意图

（3）进水管应在溢流水位以上接入，进水管口的最低点高处溢流边缘的高度应等于进水管管径，但最小不应小于 100mm，最大不应大于 150mm。

（4）溢流管的直径不应小于进水管直径的 2 倍，且不应小于 DN100，溢流管的喇叭口直径不应小于溢流管直径的 1.5～2.5 倍。

（5）高位消防水箱的进、出水管应设置带有指示启闭装置的阀门。

（6）阀门的铭牌、安全操作指示标识和水流方向的永久性标识应齐全、完整、便于观察。

4. 试验消火栓安装

（1）试验消火栓安装位置应便于操作和防冻，安装应平整、牢固，安装消火栓箱不应破坏隔墙的耐火性能（图 5.9-11）。

(a)　　　　　　　　　　　　　(b)

图 5.9-11　试验消火栓

（2）试验消火栓栓口处应设置压力表，消火栓箱门的开启角度不小于 120°。

（3）消火栓螺纹密封面应无伤痕、毛刺、缺丝或断丝现象。

（4）消火栓的螺纹出水口和快速连接卡扣应无缺陷和机械损伤。

（5）采用沟槽连接件连接，管道变径和转弯时，宜采用沟槽式异径管件和弯头。

（6）消火栓阀杆升降或开启应平稳、灵活，不应有卡涩和松动现象。

5. 其他

（1）高位水箱间应设置有组织排水，土建专业应按照要求做好地面防水，地面推荐自流平做法。

（2）高位水箱间应设置通风换气装置。

（3）接电、标识可参照消防泵房做法。

5.9.5　实例或示意图

实例或示意图见图 5.9-12～图 5.9-16。

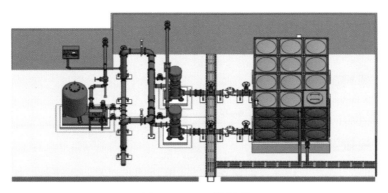

图 5.9-12 三维视图

图 5.9-13 水箱安装牢固，配件齐全

图 5.9-14 溢水管、泄水管单独
设置且有空气隔断措施

图 5.9-15 稳压设备安装牢固、美观

图 5.9-16 水位计分段设置、
非供暖房间水箱保温效果

5.10 VRV 室外机安装

5.10.1 适用范围

适用于屋面成组 VRV 室外机组安装。

5.10.2 质量要求

(1) 设备机组安装位置应确保通风良好，室外机安装后要注意防尘、防杂物，同时还要保证机器有足够的维修空间。

(2) 设备机组安装牢固，排布合理，成排成线。

(3) 设备机组应有可靠的接地和防雷措施，与基础间减振应符合设计要求。

5.10.3 工艺流程

开箱检查→基础验收→减振器安装→机组安装→配管、配线→压力试验→调试验收。

5.10.4 精品要点

1. 设备基础（条形混凝土基础）

检查基础强度是否满足要求，检查表面是否平整、光滑，有无麻坑、露筋、蜂窝等缺陷。严禁出现设备基础未完全施工完成，设备已经安装在设备基础上的工序倒置现象。根据土建的轴线，在基础上弹出设备安装的纵横向中心线，安装符合设计要求的 SD 橡胶板减振器。三维视图如图 5.10-1 所示。

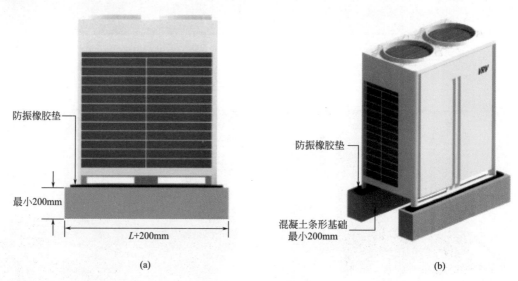

图 5.10-1　三维视图

2. VRV 室外机机组安装

(1) 室外机应水平安装，摆放整齐，面板朝向一致（图 5.10-2）。

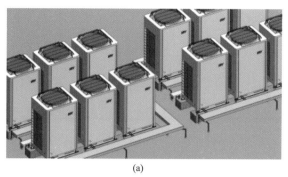
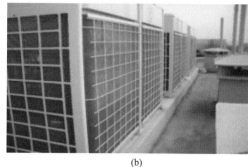

(a)　　　　　　　　　　　　(b)

图 5.10-2　VRV 室外机安装排布整齐

（2）机组之间、机组与墙的距离不应小于 1m，保证有足够的散热和维修空间。

（3）室外机低于周围墙面，采用导风通道散热方式，排风管的出风口必须与墙高平齐（图 5.10-3、图 5.10-4）。

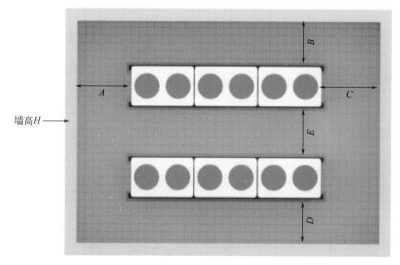

图 5.10-3　稳压设备安装牢固、美观

图 5.10-4　导风通道设置合理、避免进排风短路

3. 设备配管安装

（1）室外冷媒管应进行综合排布，采用线槽形式统一布置，整体美观（图 5.10-5）。

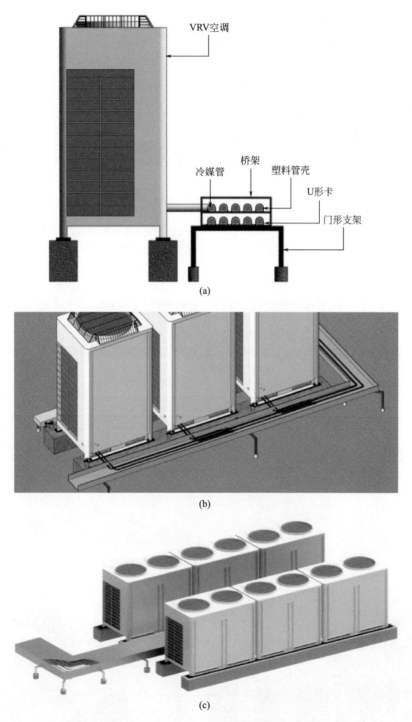

图 5.10-5　室外多联机管道安装美观

（2）室外机分歧管不能高于外机出口部分，分歧管必须水平安装。分歧管前后直行距离不应小于 0.5m，分歧管与分歧管之间距离不应小于 1m。

（3）气管和液管应分别进行保温。固定配管时，须避免保温材料受挤压变形；保温材料之间必须紧密连接，不能有缝隙；保温棉使用扎带包扎时不宜包扎太紧，以免保温失效。

4. 冷媒管支架安装

冷媒管安装时支吊架的间距要设置合理，支架底部做支墩保护（图5.10-6）。

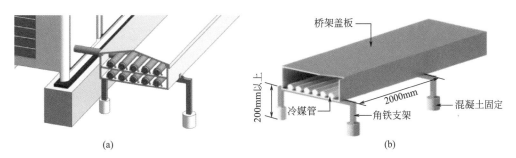

图5.10-6 冷媒管支架

5. 管道标识

保温管外应用不干胶纸裁剪成色标箭头标明水流方向，红色代表气管，蓝色代表液管，绿色代表冷凝水。水平直管段可包色环，色环间距为6m/个。

5.10.5 实例或示意图

实例或示意图见图5.10-7、图5.10-8。

图5.10-7 外机散热导风管实例

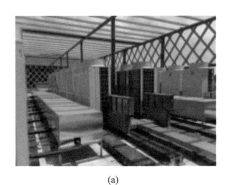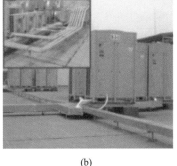

图5.10-8 外机冷媒管实例

5.11 冷却塔安装

5.11.1 适用范围

适用于屋面组装式成排玻璃钢冷却塔机组安装及其防雷接地与接闪器装置安装。

5.11.2 质量要求

(1) 冷却塔基础强度符合设计要求,地脚螺栓固定牢固,安装位置及标高准确;冷却塔基础高度应根据屋面冷却水水平干管标高,及支管装配要求,合理确定高度。

(2) 成排安装的冷却塔基础及配管应进行综合深化排布,管线布局整齐美观。阀门布置合理,便于操作。成排冷却塔需充分考虑安装空间和维护检修通道。

(3) 管线支架应提前策划,进水管应设置支架,不能利用塔身固定管道,支架应固定在结构上,优先设置在梁上,支架底部应做支墩保护。

(4) 冷却塔本体组装,箱体接缝平整严密,设备运行平稳,接地可靠。冷却塔的出水管及喷嘴的方向和位置正确,布水均匀,有组织排水措施到位。

(5) 管道各接头处极易产生凝结水的部位应保温良好,严密、无缝隙,保温材料紧贴表面,包扎均匀牢固,散料无外露,表面平顺一致,保护层平整美观。

(6) 管道、设备、支架等外露的金属物与接闪器或引下线进行电气连接。

(7) 冷却塔基础施工时应预埋接地扁钢,扁钢与引下线相连,冷却塔按设计要求做防雷措施。接地线预留预埋在设备及金属管道敷设区域,接地线应设置固定支架,不得贴屋面敷设,敷设应顺直,无锈蚀污染。

5.11.3 工艺流程

深化设计→设备基础施工→设备基础验收→设备减振器选择与安装→冷却塔吊装→附属设备零配件安装→管道、阀门对口连接→单机试运转→系统联动试运转→接地线敷设→支架安装→防雷等电位联结。

5.11.4 精品要点

1. 设备基础(混凝土条形基础)

(1) 条形基础朝向应与屋面排水坡度方向一致,便于屋面排水;当与排水坡度垂直时,条形基础之间应采用有组织排水或在基础下部设置过水孔(图5.11-1、图5.11-2)。

(2) 屋面面层为面砖时,基础位置应与面砖及砖缝位置协调对应,统一美观。屋面设备、管线支架的高度满足屋面防水细部构造的泛水高度规定。

2. 支架安装

(1) 冷却塔出入口管道,应设置独立型钢支架。不能利用塔身固定管道,支架应固定在结构上,支架底部应做支墩保护(图5.11-3、图5.11-4)

(2) 冷却塔干管支架设置安全牢固,干管支架间距合理,支架应设置专用支墩底座,底座选材一致,与地面浑然一体,合理美观(图5.11-5)。

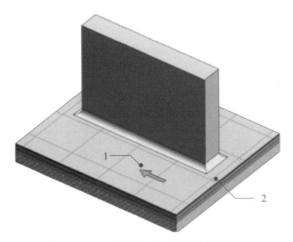

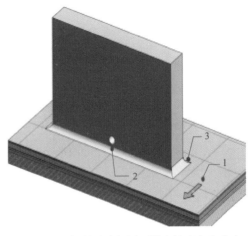

图 5.11-1 条形基础与屋面排水坡度方向一致，基础与面砖、砖缝协调

1—屋面排水坡度方向；2—屋面面砖砖缝

图 5.11-2 条形基础与屋面排水坡度方向垂直、设置过水孔，基础高度满足屋面泛水高度

1—屋面排水坡度方向；2—过水孔；3—防水细部

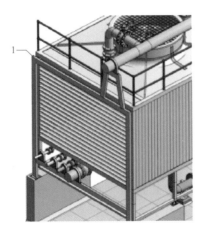

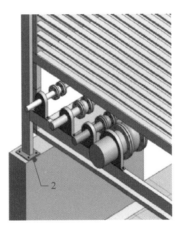

图 5.11-3 冷却塔出入口管道

1—独立型钢支架；2—支架固定在结构上

(a)   (b)

图 5.11-4 冷却塔上部管道采用单设钢结构及门架支撑

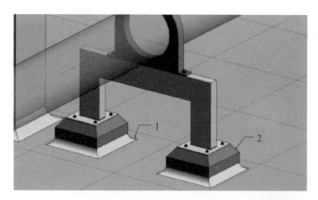

图 5.11-5　支架设置专用支墩底座，底座做法与地面浑然一体
1—泛水做法；2—支架支墩底座

（3）干管支架采用型钢门形支架时，型钢应采用 45°斜接焊缝连接，焊缝应饱满充实。型钢切割开孔应采用机械切割开孔；支架油漆漆膜厚度均匀，色泽光亮。有减振要求的应在支架底部设置减振装置（图 5.11-6～图 5.11-7）。

图 5.11-6　支架 45°斜接焊缝连接

图 5.11-7　干管支架设置减振装置
1—减振装置；2—焊缝饱满；3—支架限位

3. 减振器安装

（1）冷却塔弹簧减振器安装定位准确，平正垂直。弹簧压缩量均匀一致，不得偏心，不得被覆盖或污染，塔体立柱腿与弹簧减振器连接紧固，并有防松动措施。弹簧减振器与冷却塔支腿及基础连接螺杆应涂黄油加强防腐，并加设防护帽。

（2）设备底座与基础之间应设置减振器（垫），减振器（垫）安装平整。基础找平层不得遮盖减振器（在减振垫下放置与装饰层厚度一致的钢板）（图 5.11-8～图 5.11-10）。

4. 冷却塔安装

（1）成排冷却塔安装布局合理，应考虑冷却塔进风通道和检修通道，塔体进风侧离建筑物的距离宜大于塔进风口高度的 2 倍，检修通道净距不宜小于 1.0m（图 5.11-11）。

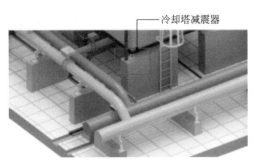
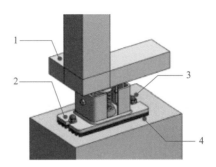

图 5.11-8　冷却塔设备与基础之间设置减振器

1—冷却塔支架 8 号槽钢；2—防松动措施；3—防滑帽；4—减振垫

图 5.11-9　冷却塔减振器

图 5.11-10　冷却塔基础设置减振器

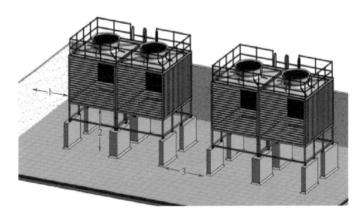

图 5.11-11　成排冷却塔安装布局合理

1—冷却塔距建筑物距离＞2h；2—冷却塔进风口高度 h；3—冷却塔检修通道≥1.0m

（2）冷却塔塔体安装水平垂直，单台冷却塔安装的水平度和垂直允许偏差均为 2/1000。同一系统的多台冷却塔安装时，各台冷却塔的水面高度应一致，高差不超过 30mm（图 5.11-12）。

（3）冷却塔本体组装，箱体接缝平整严密，爬梯及操作平台设置安全合理。填料安装应疏密适中，中间均匀，四周要与冷却塔内壁紧贴，块体之间无空隙（图 5.11-13）。

图 5.11-12　成组冷却塔安装水平、垂直高度一致

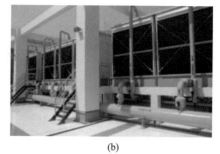

(a)   (b)

图 5.11-13　成组冷却塔安装保持间距、排布合理

5. 水管及阀部件安装（图 5.11-14～图 5.11-17）

（1）冷却塔管线布局整齐美观，各类管道排布整齐、走向合理。重力流管道坡度设置合理，弯头宜采用大半径或顺水弯头。管道保温接口应顺水。

（2）冷却塔连接的管路上应按设计要求安装过滤器、阀门、部件、仪表等。阀部件位置应正确，排列整齐，易于观察和便于操作。多台冷却水泵或冷水机组与冷却塔之间通过共用集管连接时，在每台冷却塔进水管上宜设置与对应水泵连锁开闭的电动阀。

（3）冷却塔进水管、出水管、补水管均应采用橡胶（或金属）软连接。冷却塔平衡管、溢流管不应安装截断阀门，溢流管不得接入排水沟（距沟盖板 100mm）。

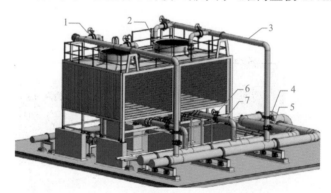

图 5.11-14　冷却塔管道阀门设置齐全

1—进水管手动检修蝶阀；2—进水管软接头；3-冷却塔进水管；4—手动检修蝶阀；

5—电动阀；6—冷却塔出水管手动检修蝶阀；7—冷却塔出水管

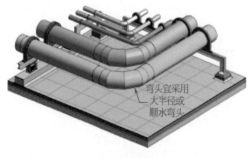

图 5.11-15　管道排布整齐、走向合理

图 5.11-16　冷却塔进、出水管，溢流管均安装软接

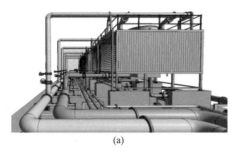
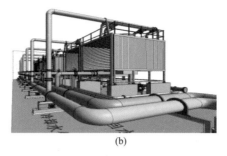

(a)　　　　　　　　　　　　　　　(b)

图 5.11-17　冷却塔管线布局整齐美观，各类管道排布整齐、走向合理

6. 设备及管道标识

冷却塔设备、管线及阀门开闭应设置明显标识，明确设备编号、管道介质和流向，便于使用单位维护（图 5.11-18）。

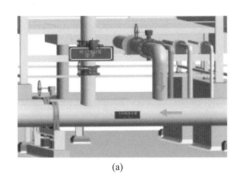
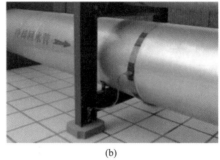

(a)　　　　　　　　　　　　　　　(b)

图 5.11-18　管道标识清晰、流向准确

7. 管道保温（图 5.11-19～图 5.11-21）

（1）保温管道接头处采用橡塑海绵板保温，应保温良好，严密、无缝隙，保温材料紧贴表面，包扎均匀牢固，散料无外露，表面平顺一致，保护层平整美观。

（2）采用金属壳保护时，宜采用不锈钢材质自攻螺钉。金属保护壳的纵向、环向接缝应顺水，其纵向接缝应位于管道的侧面。阀体各层保温材料接合缝应错开一定位置，保温不得影响阀门的正常操作。

（3）保温管道上方搭设拱桥，可保护管道保温层不受践踏、损坏，方便工作人员检查维护。

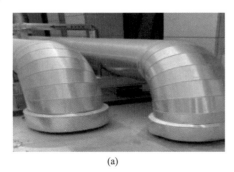
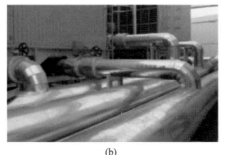

(a)　　　　　　　　　　　　　　　(b)

图 5.11-19　保温平整、美观、阀部件位置保温严密

（4）漆膜附着牢固，光滑均匀，颜色一致，无漏涂、剥落、起泡、皱纹、掺杂、透锈等缺陷，漆面效果整洁美观。部件被刷油漆后保持灵活，松紧适度，阀门启闭标记明确、清晰、美观。

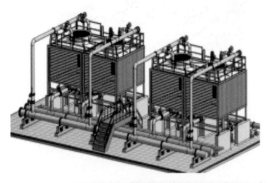

图 5.11-20　管道上方搭设拱桥保护管道保温

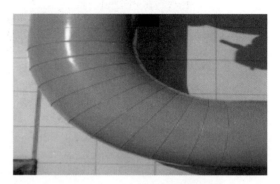

图 5.11-21　冷却塔配管保温顺水

8. 冷却塔爬梯安装

为方便检修及维护保养，冷却塔需按设计要求设置人行钢爬梯满足登高要求，采用钢管及角钢按照设计要求及设备厂家配套要求焊接成型，设置护笼，保护检修人员安全（图 5.11-22）。

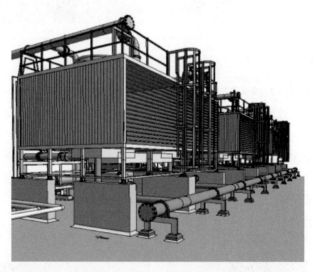

图 5.11-22　冷却塔爬梯安装牢固、便于维护检修

9. 冷却塔防雷接地与接闪器安装

（1）采用 40mm×4mm 的热浸镀锌扁钢作为等电位联结线，与屋面接地网、引下线可靠连接。

（2）冷却塔安装独立接闪杆，可使用直径不小于 12mm 的镀锌圆钢，与屋面接地网、引下线可靠连接（图 5.11-23）。

（3）接闪器或引下线的电气连接应使用黄绿色绝缘铜导线进行过渡连接，压接应牢固，防松脱措施齐全，导线应敷设顺直，不宜盘圈（图 5.11-24）。

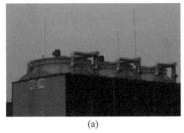
(a)

(b)

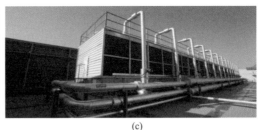
(c)

图 5.11-23 冷却塔安装的独立接闪杆

(a)

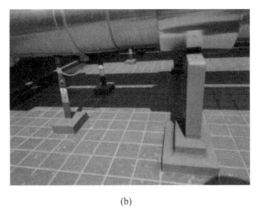
(b)

图 5.11-24 设备金属管道与接地线进行电气连接

5.12 透气管安装（PVC-U）

5.12.1 适用范围

适用于上人屋面，管道材质为硬聚氯乙烯（PVC-U）的透气管及其附属管道支架施工。

5.12.2 质量要求

（1）透气管不得与风道或烟道连接，不得接纳器具污水、废水和雨水。

（2）透气管安装位置应准确，不得影响检修人员通行，并与屋面围护结构门窗保持安全距离。

（3）同一屋面透气管应处于同一水平安装高度。

（4）透气帽配件齐全，无破损及污染，安装端正、牢固。

（5）护墩与透气管及屋面结合严密，防水排水措施到位，嵌缝均匀密实、清晰美观。

（6）当采用金属材料做透气管支架时，接地装置应与透气管支架可靠连接。

5.12.3 工艺流程

屋面孔洞预留→支架预制→管道安装→透气管根部处理→透气管防水施工→护墩施

工→根部嵌缝处理→接地装置与透气管金属支架可靠连接。

5.12.4 精品要点

1. 透气管安装

（1）屋面透气管安装预留孔洞应严格按照设计图纸位置预留，孔洞规格需满足透气管安装及防水施工要求，止水环与透气管套管连接严密（图5.12-1）。

（2）按照透气管规格及管道安装高度预制支架，支架应进行可靠的防腐处理，并涂刷面漆，落地支架的根部应设置高度大于等于250mm的防水台，防水台固定牢固，外形美观。

（3）透气管出口4m以内有门窗时，透气管应高出门窗顶600mm或引向无门窗一侧；在经常有人停留的平屋顶上，透气管应高出屋面最终完成面2m。透气管顶端应设置风帽或网罩。PVC-U管安装高度超过1.5m时，应做稳固支撑，管道抱卡与管道之间加设橡胶垫，管道支架接地良好。

2. 管道、支架护墩施工

（1）根据屋面布局确定护墩形状、尺寸。

（2）透气管根部做防水附加层，防水收头应高于完成面250mm，用金属箍箍紧，用密封材料封严，蓄水试验合格。

（3）根据屋面排布精准放线，透气管应居护墩中心，模板支设牢固，拼缝严密，隔离剂涂刷到位（图5.12-2）。

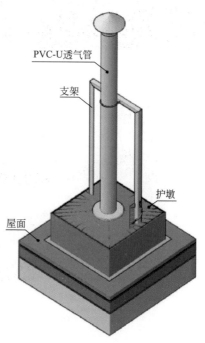

图5.12-1 屋面透气管安装大样图

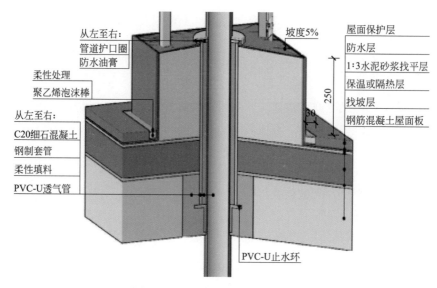

图5.12-2 透气管护墩部位示意图

（4）浇筑 C20 细石混凝土，振捣密实，顶面向外 5％找坡，收压抹光。养护不少于 7d。

（5）护墩、管道、接地装置的根部使用密封材料嵌缝。

3. 金属支架防雷施工

（1）金属支架与接地装置跨接可靠，材料宜选用与预埋件相同的材质，一般为镀锌扁钢（图 5.12-3）。

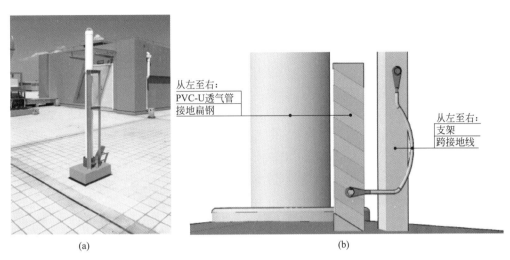

(a)　　　　　　　　　　　　　　　(b)

图 5.12-3　金属支架与接地装置可靠连接

（2）安装位置宜高出护墩 100mm。

5.12.5　实例或示意图

实例或示意图见图 5.12-4。

图 5.12-4　屋面围护结构门窗附近透气管安装

5.13 透气管安装（金属）

5.13.1 适用范围

适用于上人屋面，管道材质为柔性接口铸铁管的透气管施工。

5.13.2 质量要求

（1）透气管不得与风道或烟道连接，不得接纳器具污水、废水和雨水。

（2）透气管安装位置应准确，不得影响检修人员通行，并与屋面围护结构门窗保持安全距离。

（3）同一屋面透气管应处于同一水平安装高度。

（4）透气帽配件齐全，无破损及污染，安装端正、牢固。

（5）护墩与透气管及屋面结合严密，防水排水措施到位，嵌缝均匀密实、清晰美观。

（6）防雷装置应与透气管做可靠连接。

5.13.3 工艺流程

屋面孔洞预留→管道安装→透气管根部处理→透气管防水施工→护墩施工→根部嵌缝处理→接地装置与透气管可靠连接。

5.13.4 精品要点

1. 透气管安装（图 5.13-1）

（1）屋面透气管安装预留孔洞应严格按照设计图纸位置预留，孔洞规格需满足透气管安装及防水施工要求。橡胶密封圈与透气管连接严密。

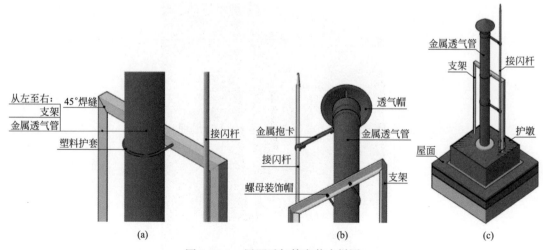

图 5.13-1 屋面透气管安装大样图

（2）按照透气管规格及管道安装高度预制支架，支架应进行可靠的防腐处理，并涂刷面漆，落地支架的根部应设置高度大于等于 250mm 的防水台，防水台固定牢固，外形美观。

（3）透气管出口 4m 以内有门窗时，透气管应高出门窗顶 600mm 或引向无门窗一侧；在经常有人停留的平屋顶上，透气管应高出屋面最终完成面 2m。透气管应根据防雷要求设置防雷装置。

2. 管道、支架护墩施工

（1）根据屋面布局确定护墩形状、尺寸。

（2）透气管根部做防水附加层，防水收头应高于完成面 250mm，用金属箍箍紧，用密封材料封严，蓄水试验合格。

（3）根据屋面排布精准放线，透气管应居护墩中心，模板支设牢固，拼缝严密，隔离剂涂刷到位（图 5.13-2）。

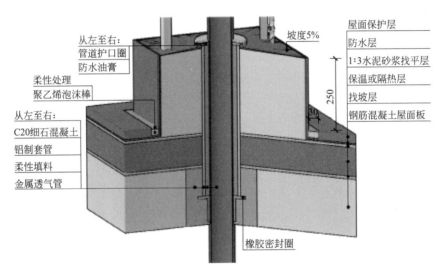

图 5.13-2　透气管护墩部位示意图

（4）浇筑 C20 细石混凝土，振捣密实，顶面向外 5％找坡，收压抹光。养护不少于 7d。

（5）护墩、管道、接地装置的根部使用密封材料嵌缝。

3. 金属管道及支架防雷施工

（1）金属支架与接地装置跨接可靠，材料宜选用与预埋件相同的材质，一般为镀锌扁钢。

（2）如金属管道不在建筑屋面的防雷接地保护范围内，金属管道及其附属部件应与接地装置可靠连接，材料宜选用与预埋件相同的材质，一般为镀锌扁钢（图 5.13-3）。

（3）安装位置宜高出护墩 100mm。

5.13.5　实例或示意图

实例或示意图见图 5.13-4、图 5.13-5。

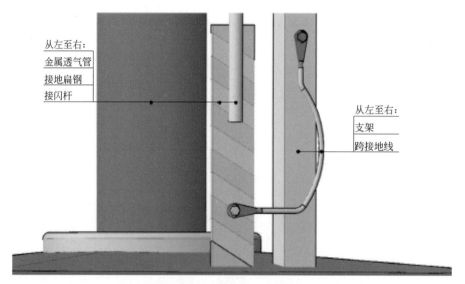

从左至右:
金属透气管
接地扁钢
接闪杆

从左至右:
支架
跨接地线

图 5.13-3　透气管接地可靠

图 5.13-4　同一屋面透气管安装整齐

图 5.13-5　屋面围护结构门窗附近透气管安装